Ali AROUS
Faiza Nawel GHOMARI

Efeitos do stress hídrico no sector dos cereais na Argélia

Ali AROUS
Faiza Nawel GHOMARI

Efeitos do stress hídrico no sector dos cereais na Argélia

ScienciaScripts

Cover image: www.ingimage.com

This book is a translation from the original published under ISBN 978-620-6-72732-3.

Publisher:
Sciencia Scripts
is a trademark of
Dodo Books Indian Ocean Ltd. and OmniScriptum S.R.L publishing group

120 High Road, East Finchley, London, N2 9ED, United Kingdom
Str. Armeneasca 28/1, office 1, Chisinau MD-2012, Republic of Moldova, Europe
Printed at: see last page
ISBN: 978-620-8-30994-7

EUROPEAN UNIVERSITY PUBLISHING.

EFEITOS DO STRESS HÍDRICO NO SECTOR DOS CEREAIS NA ARGÉLIA - O CASO DO TRIGO DURO EM ZONAS SEMI-ÁRIDAS

DR. AROUS ALI

RESUMO

As fases de formação do grão para a aquisição do seu peso e qualidade são consideradas etapas decisivas no desenvolvimento do rendimento do trigo duro (Triticum durum Desf.). O objetivo do presente trabalho é estudar o enchimento do grão do trigo sob diferentes regimes hídricos. Para o efeito, foram realizados no campo ensaios com 120 genótipos durante três épocas de cultivo consecutivas, avaliando a remobilização das reservas e a fotossíntese atual dos diferentes órgãos neste processo. Os resultados mostram que o enchimento do grão é fortemente influenciado pela variabilidade genética e pelo regime hídrico adotado. Em condições de sequeiro, onde as plantas estão sujeitas a défices hídricos variáveis, a remobilização de reservas e a atividade fotossintética dos componentes da espiga constituem os principais assimilados essenciais para a acumulação de reservas no grão. O colo da espiga, com a sua longa vida e a sua posição próxima da espiga, é também importante para a disponibilidade dos fotoassimilados necessários à formação do grão, graças à sua atividade fotossintética. Em condições de regadio, em que o fornecimento ótimo de água aumenta a longevidade dos órgãos situados acima do último nó, acentua-se a sua contribuição para o peso final do grão, nomeadamente a do sistema foliar. Em contrapartida, as situações de carência hídrica reduzem significativamente os caracteres morfológicos da parte caulinar da planta. A fim de distinguir o efeito de variações apenas no fornecimento de água sobre o processo de enchimento do grão e o desenvolvimento das suas qualidades, foram efectuados dois ensaios em condições controladas. Envolveram cinco genótipos cultivados em três regimes hídricos, 100%CC, 60%CC e 30%CC. Os resultados mostram que as variações dos regimes hídricos conduzem a variações muito significativas das contribuições relativas dos diferentes órgãos da planta para o enchimento do grão. Mostram que a acentuação do défice hídrico é acompanhada por uma clara contribuição da remobilização das reservas e da fotossíntese da espiga para o enchimento do grão. Os índices de evolução do peso dos grãos e a cinética de crescimento dependeram do regime hídrico e dos órgãos. Nos genótipos locais e Waha, a remobilização das reservas mantém uma cinética crescente com a acentuação do défice hídrico, ao passo que nos genótipos introduzidos, a fotossíntese corrente parece ser mais eficaz nestas condições.

Palavras-chave: trigo duro; enchimento do grão; remobilização; fotossíntese atual; órgãos; défice hídrico.

ÍNDICE DE CONTEÚDOS

INTRODUÇÃO

A seca é um dos principais factores que afectam a produtividade das espécies cultivadas. De facto, os constrangimentos gerados por este stress abiótico limitam grandemente a produção de várias culturas em muitos países do mundo (Kamoshita et al., 2008; Lonbani, 2011). Segundo Witcombe et al. (2008), trinta e cinco por cento (35%) das terras aráveis do mundo são classificadas como áridas ou semi-áridas, onde o risco de escassez de água será cada vez mais frequente e persistente no futuro devido às alterações climáticas. Nos países mediterrânicos, em especial nos da margem sul, a escassez de água sempre constituiu um sério obstáculo à melhoria dos rendimentos das culturas de sequeiro (Kamoshita et al., 2008).
Na Argélia, a localização das culturas cerealíferas nos planaltos e planícies interiores do país expõe estas espécies a condições climáticas desfavoráveis que prejudicam a expressão do seu potencial produtivo (Adda et al., 2013).
Entre as espécies cerealíferas, o trigo duro (Triticum durum Desf.) tem um interesse económico primordial na produção vegetal da Argélia. Os produtos desta cultura são elementos importantes do padrão de consumo dominante da população local. No entanto, a produção local deste produto continua a ser largamente insuficiente para satisfazer as necessidades expressas, que continuam a aumentar de ano para ano. Esta é uma obrigação que faz do nosso país um dos dependentes dos mercados mundiais. Neste contexto, é de salientar que o nosso país é atualmente um dos principais importadores mundiais de trigo duro, captando quase 50% do mercado mundial; importou 545.000 toneladas de trigo duro no final de novembro de 2012 (CIC, 2013). Esta situação deve-se principalmente aos baixos rendimentos registados nas diferentes campanhas, que resultam de um conjunto de condicionalismos, nomeadamente climáticos. Com efeito, como todas as culturas de sequeiro na Argélia, os baixos rendimentos registados no trigo duro reflectem os constrangimentos causados pelo défice hídrico. Este stress abiótico é o principal fator responsável pelas variações da quantidade e da qualidade da cultura do trigo duro. A sensibilidade do processo de desenvolvimento do rendimento do trigo duro ao défice hídrico é particularmente elevada durante o período de enchimento do grão (Saeedipour e Moradi, 2011). Este fenómeno é agravado pelo facto de esta fase, no final do ciclo de desenvolvimento, decorrer a temperaturas elevadas (Chenaffi et al., 2006). O peso e a qualidade do grão são as caraterísticas de referência para avaliar o rendimento (Gate, 1995) e, por conseguinte, a produtividade do trigo duro. O processo de enchimento do grão depende do fornecimento de produtos de carbono a partir de duas fontes principais, a translocação de reservas armazenadas na planta e a produção rotineira de fotoassimilados pelos seus vários órgãos (Blum et al., 1991; Yang e Zhang 2006; Zhu et al., 2010). É de notar que a utilização destes recursos através do desenrolar dos processos que asseguram a sua disponibilidade é fortemente influenciada pela disponibilidade de água durante a fase de crescimento. A declaração de um défice hídrico durante este período depende da sua gravidade, que reduz proporcionalmente a quantidade de grãos produzidos, bem como a sua qualidade. Os efeitos de um fornecimento insuficiente de água durante este período fazem-se sentir nos órgãos vegetativos e reprodutivos envolvidos na formação do grão e na produção dos fotoassimilados essenciais para o enchimento do grão. O processo de enchimento do grão é efectuado conjuntamente pela fotossíntese corrente e pela translocação de reservas dos vários órgãos do caule (Cruz et

al., 2000). A fotossíntese atual emana principalmente dos órgãos situados acima do último nó. Estes incluem a última folha, o colo da espiga, o último entrenó, a barba e o grão em desenvolvimento e as suas cascas. O envolvimento destes órgãos depende da sua longevidade, que é condicionada pela qualidade da água fornecida (Araus et al., 1993; Maydup et al., 2010). A translocação dos assimilados, principalmente da frutose durante o período pós-antese, efectua-se a partir das reservas acumuladas no caule (Foulkes et al., 2007; Ehdaie et al., 2008; Álvaro et al., 2008). A contribuição da fotossíntese corrente de certos órgãos é muito marcada, como no caso da última folha, que é considerada essencial na determinação do rendimento do grão devido à sua duração ativa durante o enchimento do grão (Abbad et al., 2004; Khaliq et al., 2008). O envolvimento de outros órgãos, como as farpas, o colo da espiga e as cascas do grão, na disponibilidade de assimilados tem sido menos estudado. O défice hídrico altera significativamente a duração da atividade fotossintética destes órgãos, a formação de reservas e a acuidade da circulação da seiva responsável pela sua migração para os grãos em desenvolvimento, sendo os constrangimentos expressos por uma redução da atividade fotossintética, inibindo as várias reacções metabólicas (Araus et al., 2002; Li et al., 2003; Tambussi et al., 2005), e por uma redução da duração da atividade dos vários órgãos responsáveis, limitando a sua longevidade. No que respeita à translocação das reservas, o esgotamento da água na planta prejudica a circulação da seiva, essencial para o movimento dos assimilados. Nestas condições, a contribuição efectiva dos diferentes processos de enchimento do grão depende do seu comportamento em relação ao défice hídrico durante este período. Estes parâmetros incluem, essencialmente, a proximidade do órgão ao grão e o seu rendimento fotossintético, a longevidade dos órgãos e a resistência hidráulica dos tecidos condutores para assegurar a circulação da seiva. A estimativa da contribuição dos diferentes processos para a formação do grão no trigo duro é pouco conhecida e difícil de medir, nomeadamente no campo. A formação do grão e a evolução do seu peso e da sua qualidade exigem um conhecimento aprofundado dos processos envolvidos. Um estudo aprofundado da contribuição dos diferentes órgãos nestes processos e da sua sensibilidade ao défice hídrico é essencial para a seleção de critérios acessíveis nos programas de criação de cultivares tolerantes à seca. Os objectivos da investigação levada a cabo no presente trabalho inscrevem-se nesta estratégia. Permitem avaliar a contribuição das quotas de fotossíntese atual dos diferentes órgãos da planta e a remobilização das reservas armazenadas durante a atividade vegetativa, no processo de enchimento do grão e na construção da sua qualidade. Para a realização do presente trabalho foi utilizada uma variabilidade genética diversificada, constituída por vários genótipos com origens, fenologia, expressão fenotípica e índices de sensibilidade à seca divergentes. O estudo envolveu ensaios conduzidos em condições de sequeiro durante três épocas consecutivas e ensaios conduzidos em condições controladas onde foram avaliados os efeitos de diferentes regimes hídricos no enchimento do grão. Foi estudada a distinção entre as contribuições dos vários órgãos da planta através da sua atividade fotossintética e da remobilização de reservas.

SÍNTESE BIBLIOGRÁFICA

1. Apresentação das espécies estudadas

1.1. Informações gerais sobre o trigo duro

Historicamente, o trigo foi um dos primeiros cereais cultivados no mundo. Em termos quantitativos, é o terceiro cereal mais cultivado, com cerca de 600 milhões de toneladas cultivadas por ano (Clerget, 2011). Foi domesticado no Próximo Oriente a partir de uma gramínea selvagem há cerca de 10 000 anos (Naville, 2005). O seu consumo remonta à Antiguidade. As primeiras culturas surgiram na Mesopotâmia e nos vales dos rios Tigre e Eufrates (atual Iraque), na região do "crescente fértil" (atual Líbano, Síria e sul da Turquia), onde o trigo selvagem sobreviveu até aos nossos dias. Todas as espécies de trigo espontâneas e cultivadas pertencem ao género Triticum e distribuem-se por uma vasta área que se estende desde a Ásia Central até à bacia do Mediterrâneo (Verville, 2003). O trigo chegou à Europa Ocidental através de duas rotas principais, o Mediterrâneo e o vale do Danúbio (Naville, 2005).

1.2. Caraterísticas morfológicas

O trigo é uma gramínea de altura média que pode atingir até 1,5 m, consoante a variedade. As suas folhas são alternas e achatadas, constituídas por uma base (bainha) que envolve o caule, uma parte terminal que se alinha com as nervuras paralelas e uma ponta pontiaguda. No ponto de fixação da bainha da folha encontra-se uma membrana fina e transparente (lígula) com dois pequenos apêndices laterais (aurículas). O sistema radicular é constituído por raízes seminais, produzidas pela plântula durante a emergência, e por raízes adventícias, que se formam posteriormente a partir dos nós da base da planta e constituem o sistema radicular adventício permanente. O trigo duro tem um caule cilíndrico ereto, oco ou sólido (restolho) subdividido em entrenós (Clarke et al., 2002). As espiguetas na extremidade dos caules são constituídas por flores pequenas e discretas. As flores não têm pétalas e estão rodeadas por duas glumas. Cada flor cleistogâmica contém três estames e um ovário encimado por dois estilos plumosos. Após a fecundação, o ovário dá origem à semente, que é simultaneamente o fruto e a semente ou cariopse (Mosiniak et al, 2006; Boutigny, 2007).

1.3. Caraterísticas botânicas

O trigo é uma planta herbácea anual, monocotiledónea, pertencente ao género Triticum da família das gramíneas (Poaceae). Atualmente, existem várias espécies de trigo, das quais duas dominam a produção: o trigo mole (Triticum aestivum) e o trigo duro (Triticum durum), que se distinguem pelo número de cromossomas. O trigo duro tem um genoma tetraploide (AABB). Cada genoma é constituído por 7 pares de cromossomas homólogos, o que perfaz um total de 28 cromossomas ($2n = 4x = 28$).

De acordo com Feillet (2000), Le Clech (2000) e Naville (2005), a taxonomia do trigo duro é a seguinte

Classe: Angiospérmicas

Ordem: Monocotiledóneas

Família: Poaceae (Gramíneas)

Tribo: Hordeae
Género: Triticum

Espécies: Triticum durum

Nome comum: Trigo duro

1.4. Importância económica do trigo

O trigo é um dos três principais "cereais", juntamente com o milho e o arroz (Jacquemin, 2012). A produção mundial atingiu 650 milhões de toneladas em 2010 (Branlard et al., 2012). De acordo com estudos e projecções publicados pela FAO, que têm em conta a evolução demográfica mundial, as necessidades deverão aumentar ainda mais nos próximos anos, atingindo provavelmente 1 000 milhões de toneladas de trigo em 2020. O aumento da produção passa inevitavelmente pela melhoria da produtividade, uma vez que a superfície destinada à cultura do trigo, estimada em 220 milhões de hectares, não pode crescer indefinidamente, tanto mais que as condições agro-climáticas e de cultivo (zonas semi-áridas, salinidade dos solos) e mesmo a extensão das zonas urbanas constituem verdadeiros limites ao seu progresso (Branlard et al., 2012). O trigo é o recurso alimentar mais importante da humanidade e a principal fonte de proteínas. É também um recurso essencial para a alimentação animal e para uma vasta gama de aplicações industriais (Bonjean e Picard, 1991; Doré e Varoquaux, 2006). Como resultado do desequilíbrio entre a produção e o consumo acima mencionado, o nosso país é um dos três maiores importadores mundiais de cereais, depois do Brasil e do Egito (Kellou, 2008). O grão de trigo duro tem um elevado valor nutricional, devido ao seu alto teor de proteínas e à presença de glúten, que torna as massas mais resistentes à cozedura (Tab.1). Os derivados dos cereais são também utilizados em muitos produtos não alimentares, como medicamentos, papel, têxteis, colas, detergentes, tintas, plásticos e atualmente biocombustíveis ("combustíveis verdes") (Boutigny, 2007).

Quadro 1- Composição qualitativa por 100 g de grãos de trigo integrais (Hebrard, 1996).

Componentes	Quantidade	Componentes	Quantidade
Água (g) Energia	13	Ca (mg)	35
(kj) Energia (kj)	1383	Mg (mg)	100
Hidratos de	331	P (mg)	390
carbono (g)	63	Na (mg)	5
Gordura	2.5	K (mg)	-
Proteína (g,	14	Fe (mg) Vit B1	4.5
N*6,25) Fibra	9.5	(mg) Vit PP (mg)	0.5
alimentar (g) Vit	0.09	Biotina	6
B2 (mg)	3		0.01
Vit E (mg)	0.04		
Ácido fólico (mg)			

2. Impacto do stress na cultura do trigo duro

2.1. Noção de stress

No domínio vegetal, a palavra stress tem diferentes significados, mas geralmente é a alteração de um determinado estado fisiológico provocado por factores que tendem a perturbar o equilíbrio do sistema vegetal em estudo (Chinnusamy et al., 2006; Langridge et al., 2006). De acordo com Maarouf e Raynaud (2007), o stress é o conjunto de perturbações fisiológicas ou patológicas provocadas no organismo por agentes bióticos ou abióticos. Tsimilli-Michael et al (1998), consideram o stress como um significado relativo, com o controlo como estado de referência, consideram o stress como um desvio no controlo de um constrangimento. Naturalmente, as plantas têm de se adaptar para fazer face a stresses bióticos e abióticos (Ishida et al., 2008).

2.2. O défice hídrico

O défice hídrico é o principal stress ambiental que limita severamente a produtividade agrícola em todo o mundo (Boyer, 1982). Impõe restrições ao crescimento e desenvolvimento das plantas de interesse agrícola, reduzindo significativamente a sua produtividade (Monnveux et al., 1986; Pereya et al., 2003; Kamoshita et al., 2008; Adda et al. 2013). Existem muitas definições de seca. Na agricultura, é definida como um défice de precipitação que reduz significativamente a produção agrícola em comparação com o normal para uma determinada região (Mckay, 1985 in Bootsma et al., 1996). Passioura (2004) define o défice hídrico como o conjunto de circunstâncias ambientais em que as plantas sofrem uma redução no crescimento e na produção em resultado de um abastecimento de água deficiente. Um défice hídrico ocorre quando a procura de água excede a quantidade disponível durante um determinado período, ou quando a sua má qualidade limita a sua utilização (Madhava Rao et al., 2006). O estado hídrico da planta passa progressivamente por três fases principais, consoante a evolução da seca (Tardieu, 2005). Em condições de abastecimento ótimo de água, a transpiração e a assimilação procedem de forma equivalente. Esta situação mantém-se até que a quantidade de água absorvida seja inferior às necessidades evaporativas da planta. Para além deste desequilíbrio, inicia-se uma segunda fase, durante a qual a transpiração e a assimilação são reduzidas em relação ao potencial (Tardieu, 2003). A planta reage tendendo a restabelecer o equilíbrio entre estas duas funções fisiológicas (absorção, transpiração) externalizando os mecanismos apropriados (Passioura, 2004). À medida que o défice hídrico aumenta, a planta limita as suas trocas gasosas fechando os estomas, o que resulta na anulação das actividades fotossintéticas. As trocas de água com a atmosfera realizam-se exclusivamente através da cutícula, pelo que a planta começa a sobreviver consumindo as suas reservas e perdendo todos os ganhos de produção de matéria seca (Passioura, 2004).As limitações impostas pelo défice hídrico à fotossíntese relacionam-se, nomeadamente, com a redução da superfície fotossintetizante, a redução da condutância estomática e a alteração do aparelho fotossintético (Sarda et al., 1992). No entanto, estas transformações são muito influenciadas pelas fases de desenvolvimento e pela natureza dos órgãos da planta. De um modo geral, os constrangimentos gerados por um aumento do défice hídrico são impostos por uma diminuição do teor relativo de água e, consequentemente, uma redução excessiva do potencial hídrico dos tecidos da planta. Esta situação resulta na produção de assimilados (Rebetzke et al., 2002) reservados ao crescimento das raízes e utilizados para o ajustamento osmótico (Condon et al., 2004).

2.3. Efeito do défice hídrico no trigo duro

O défice hídrico é um dos principais factores que limitam a produtividade dos cereais, nomeadamente no inverno. Os seus efeitos penalizadores são perceptíveis durante todos os processos envolvidos no crescimento da planta. Gera alterações importantes que afectam todos os caracteres morfofisiológicos e bioquímicos da planta, bem como os níveis de expressão genética (Mefti et al., 2000). As primeiras consequências do défice hídrico na planta exprimem-se através de uma redução da fotossíntese na sequência de uma queda do potencial hídrico que atinge -8,4 ou mesmo -20 bar. Nesta situação, cessa a transferência de assimilados (Condon, 2002). Segundo Gharti-Chhetri e Lales (1990), em certas espécies do género Triticum, a fotossíntese torna-se nula quando o potencial hídrico foliar atinge -27 bar. Esta redução da atividade é causada pelo encerramento dos estomas, pela alteração dos complexos fotossintéticos e pela inibição da Rubisco. Estas consequências fisiológicas do défice hídrico afectam o crescimento e o desenvolvimento das raízes, das partes aéreas e dos órgãos reprodutivos (Debaeke et al., 1996). Numa escala, o esgotamento das fontes de transferência de assimilados para a espiga em desenvolvimento altera o seu enchimento e o desenvolvimento do rendimento (Ricards, 1983; Benlaribi et al., 1991; Khaldoun et al., 1997). No entanto, os efeitos da seca na expressão da planta de trigo dependem da altura em que ocorre no ciclo de desenvolvimento (Debaeke et al., 1996). A seca que ocorre durante o período de crescimento vegetativo reduz principalmente o número de espigas por unidade de área. No entanto, quando ocorre durante a fertilização, a formação do grão e o enchimento do grão, reduz o número de grãos por espiga, bem como o seu peso (Lawlor et al., 1981; Mogensen e Jensen, 1989; Triboï, 1990; Mogensen, 1991). De acordo com Debaeke et al (1996), a seca no final do aparecimento do bolbo, 10 a 15 dias antes da cabeça, reduz o número de flores férteis por espigueta. Um abastecimento de água deficiente após a floração, combinado com temperaturas elevadas, leva a uma redução do número de flores férteis por espigueta. peso de 1000 grãos, alterando a velocidade e o tempo de enchimento dos grãos (Triboï, 1990).

2.4. Estratégias de adaptação das plantas ao défice hídrico

2.4.1. Caraterísticas fenológicas

O shirking é uma das estratégias que consiste em encurtar o ciclo de uma cultivar para evitar períodos de seca tardios (Amigues et al., 2006). A utilização de variedades de ciclo curto é necessária em regiões onde a seca ocorre no final do ciclo de desenvolvimento dos cereais (Mekhlouf et al., 2006). O encabeçamento precoce é uma estratégia importante para evitar o défice hídrico e o stress térmico no final do ciclo do trigo duro. Fischer e Maurer (1978) observam que cada dia de precocidade aumenta o rendimento do trigo duro.

2.4.2. Evitar os constrangimentos da seca

A estratégia de evitamento permite à planta manter um potencial hídrico elevado através de alterações morfológicas que aumentam a capacidade de absorção de água e reduzem as taxas de perda de água. Estas estratégias impedem a declaração de stress ao nível da planta sujeita a um défice hídrico (Amigues et al., 2006). Os sistemas radiculares extensos exploram os horizontes profundos do solo, que permanecem mais húmidos em condições de seca. Ao explorar um maior volume de solo, a planta é capaz de satisfazer as suas necessidades hídricas, manter as trocas gasosas e crescer em condições de seca (Annerose, 1990). Além disso, a redução da área foliar, que conduz a uma redução da superfície evaporativa, e o enrolamento das folhas são técnicas de remodelação morfológica eficazes para reduzir a transpiração (Cooper et al., 1983; Clarke, 1986; Benmahammed et al., 2008). No entanto, este fenómeno é também acompanhado de uma redução da fotossíntese, pelo que só tem interesse na presença de um défice hídrico grave (Slama et al., 2005). A redução da altura das plantas é frequentemente considerada como um mecanismo para evitar o stress gerado pelo défice hídrico (Annichiarico et al., 2005).

2.4.3. Tolerância ao défice hídrico ou adaptações fisiológicas

A estratégia de tolerância tem por objetivo reduzir o potencial hídrico dos tecidos vegetais para manter a turgescência celular (Monneveux e This, 1997; Sorrells et al., 2000). Este processo é externalizado, principalmente por ajustamento osmótico (Zhang et al., 1999). Segundo Blum (1989), o ajustamento osmótico é conseguido através de uma acumulação de solutos polares, principalmente no vacúolo. Esta acumulação permite que a planta mantenha a sua turgescência e evite a desidratação (Morgan et al., 1986). Estes solutos, frequentemente designados por osmóticos, são essencialmente ácidos orgânicos, aminoácidos (prolina, glicina-betaína), açúcares solúveis e certos constituintes inorgânicos (Richards et al., 1997).

3. Estrutura e composição do trigo

3.1. Estrutura do grão de trigo duro

O grão de trigo é um fruto ou cariopse seco e indeiscente. A sua morfologia caracteriza-se por uma forma elipsoide com um sulco longitudinal profundo de 1,5 a 2 mm, que se estende a todo o comprimento da superfície ventral. Uma das extremidades apresenta pêlos, enquanto a outra apresenta um germe. Algumas destas caraterísticas variam e dependem das variedades, das condições de cultivo e da posição do grão na espiga (Calderini et al., 2000, Evers e Millar, 2002 in Ferreira, 2011). Na maturidade, o grão de trigo é constituído por três partes: o endosperma, as cascas e o gérmen.

3.1.1. O Álbum

O albúmen, que constitui o tecido de reserva, representa a maior parte do grão (80-85% do seu peso seco). É constituído por dois tecidos distintos, a camada de aleurona ou base proteica e o albúmen amiláceo (kent et al, 1994; Barron et al., 2007).

As células albuminosas de amido são formadas por grãos de amido envoltos numa matriz proteica composta por prolaminas, albumina e globulinas (Zaddem, 2014). Estes nutrientes são mobilizados para apoiar o crescimento do eixo embrionário no início da germinação (Fig.1).
A camada de aleurona é constituída por células vivas e separa o albúmen amiláceo dos envelopes (Fig.3). Juntamente com o embrião, é o único tecido vivo do grão maduro e permite-lhe desenvolver-se durante a germinação (Tab.2) (Stevenson et al., 2007).

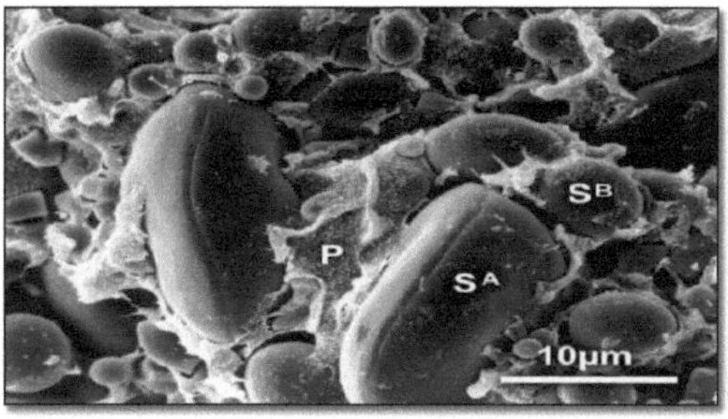

Figura 1- a parte do albúmen da imagem da planta Power obtida por microscopia eletrónica de varrimento (SEM). Presença de duas populações de grãos de amido morfologicamente diferentes, pequenos (SB) e grandes (SA), embebidos numa matriz proteica (Mills et al., 2005).

3.1.2. O germe ou o embrião

É composto por duas partes, o eixo embrionário constituído pela gémula protegida pelo coleóptilo e a radícula coberta pela coleorriza e o escutelo (cotilédone rudimentar) (Surget e Barron, 2005).

3.1.3. Os envelopes

Representam cerca de 15% da massa total do grão. São constituídos principalmente por polissacáridos (arabinoxilanos, xiloglucanos e celulose), ácidos fenólicos, lenhina, proteínas e minerais (Godon e William, 1991; Surget e Barron, 2005). A sua espessura é variável e é constituída pelo pericarpo exterior, o pericarpo interior e a testa, da periferia para o centro (Fig. 2).

Tabela 2- Representação esquemática da distribuição dos compostos de interesse nutricional no grão de trigo (adaptado de Hemery et al, 2007).

Tecidos periféricos				Albumina amilácea	Germe
	Pericarpo	Testa	Aleurona		
Proteínas	-	-	**	**	*
Lípidos	-	*	*	-	***
Amido	-	-	-	***	-
Fibras insolúveis	***	***	**	*	**
Fibras solúvel	-	-	*	**	*
Vitaminas B	-	-	***	-	**
Vitamina E	-	-	*	-	**
Minerais	*	*	***	-	**
Esteróis vegetais	-	*	**	-	***
Fitoestrogénio Alquilresorcinóis	-	-	***	-	-
	-	***	-	-	-

*** - - - *, **, *** indicam se um composto está presente, concentrado ou altamente concentrado num tecido.

- indica que um composto não está presente no tecido ou está presente em concentrações muito baixas.

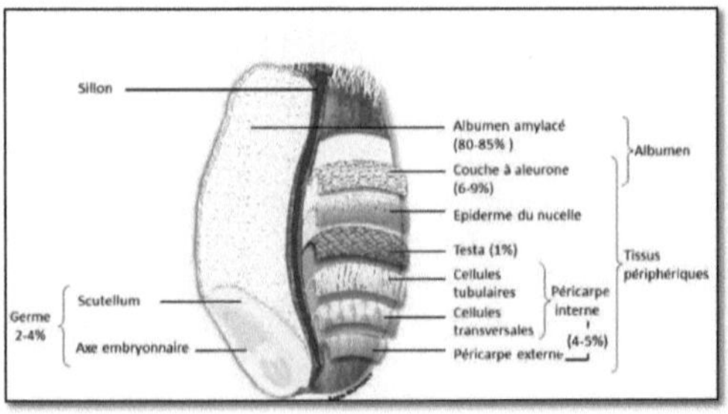

Figura 2- Secção longitudinal e transversal de um grão de trigo (Surget e Barron, 2005).

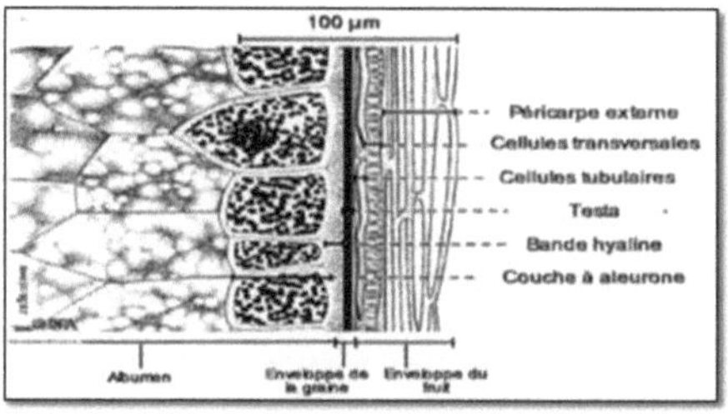

Figura 3- Camada celular do grão de trigo (Surget e Barron, 2005).

3.2. Composição dos grãos de trigo duro

Na maturidade, o grão de trigo duro é essencialmente composto por amido (70%) e proteínas (10%-18%). O amido está concentrado no albúmen amiláceo e as proteínas encontram-se principalmente no gérmen e na camada periférica da aleurona (Feillet, 2000).

3.2.1. Amido

O amido é depositado nos amiloplastos numa forma semi-cristalina insolúvel em água. Nas células, está presente sob a forma de grãos visíveis ao microscópio nos amiloplastos (Bayuelo-Jimenez et al., 2002). Consiste na coexistência de dois polímeros de D-glucopiranose, a amilose e a amilopectina (Fig. 4). Estes dois compostos diferem no grau de polimerização e no número de ramificações (Sestili et al., 2010). Nos cereais, para além dos dois constituintes principais, contém também lisofosfolípidos e ácidos gordos livres (Buléon et al., 1998).O amido do grão de trigo é constituído principalmente por amilopectina, com um teor médio de cerca de 75%. A fração de amilose é inferior, com cerca de 25%. A amilose é constituída por longas cadeias lineares (10^4 unidades) do polímero D- glucopiranose (Hoseney, 1994; Debiton, 2011). A amilose tem a capacidade de criar estruturas helicoidais em torno de ácidos gordos livres. A amilopectina, um polímero do monómero D-glucopiranose, é constituída por uma coluna linear formada por ligações α (1-4) osídicas, a partir da qual se formam ramificações laterais por ligações α (1-6) (Colonna e Buléon, 1992).

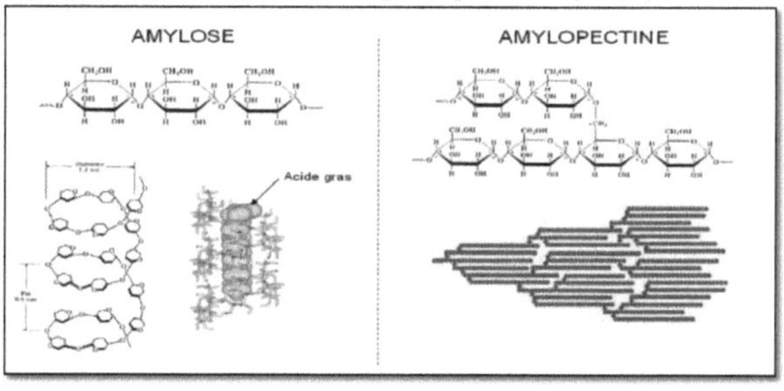

Figura 4 - Estrutura da amilose e da amilopectina (Debiton, 2010).

Os grãos de amido armazenados no grão de trigo são de três tipos (Fig. 5), que variam de acordo com os seus queijos e tamanhos. O amido é armazenado sob a forma de grânulos, que se distinguem pelo seu tamanho e forma (Stoddard, 1999; Wilson et al., 2006; Stamova et al., 2009). Os grãos de tipo A têm um diâmetro superior a 16 µm e uma forma lenticular ou elíptica. Os grãos de tipo B têm um diâmetro médio que varia entre 5,3 e 15,9 µm e uma forma esférica (Morrison e Gadan, 1987). Por último, os grãos de tipo C têm um diâmetro inferior a 5,3 µm (Bechtel et al., 1990).

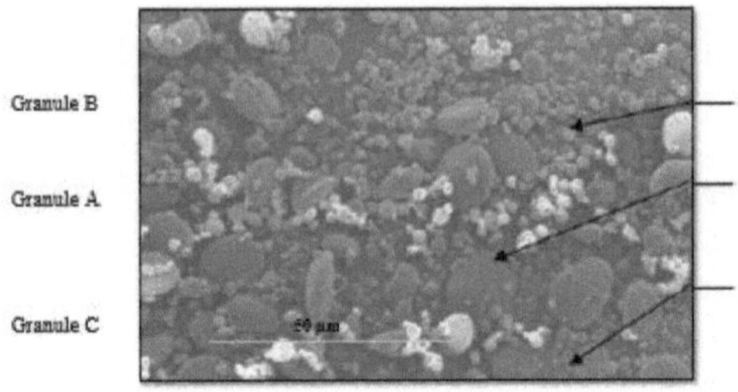

Figura 5- Grãos de amido de trigo (Debiton, 2010).

3.2.2. As proteínas

A fração proteica do grão de trigo duro, que representa cerca de 12% do peso seco, está localizada principalmente no embrião e na camada de aleurona (Battais et al., 2007; Saulnier, 2012). No entanto, este teor pode variar em função dos factores ambientais e das caraterísticas intrínsecas das cultivares (Hernandez et al., 2004). Em função do seu meio de solubilidade, as proteínas do grão de trigo podem ser divididas em quatro grupos (Battais et al., 2007; Ayad et al., 2010; Saulnier, 2012): albuminas, globulinas, prolaminas e gluteninas. Estes tipos de proteínas podem ser divididos em duas categorias principais, as proteínas solúveis e as proteínas de reserva (Fig. 6).

3.2.2.1. Proteínas solúveis (proteínas metabólicas)

Esta categoria inclui albuminas, globulinas, enzimas, proteínas de membrana, proteínas reguladoras e proteínas de organelos celulares (Belitz e Grosh, 1987; Singh e Skerritt, 2001; Vensel et al., 2005; Sramkova et al., 2009).

3.2.2.2. Proteínas de reserva

A maior fração de proteínas desta categoria acumula-se no albúmen, tornando-as proteínas de reserva (Hernandez et al., 2004). Essas proteínas também são chamadas de categoria prolamina devido ao seu alto teor de resíduos de prolina e glutamina (Shewry et al., 1986; Saulnier et al., 2012). As proteínas de reserva contêm dois tipos, gliadinas e gluteninas, cada uma das quais pode ser distinguida em vários subtipos (Fig.6).

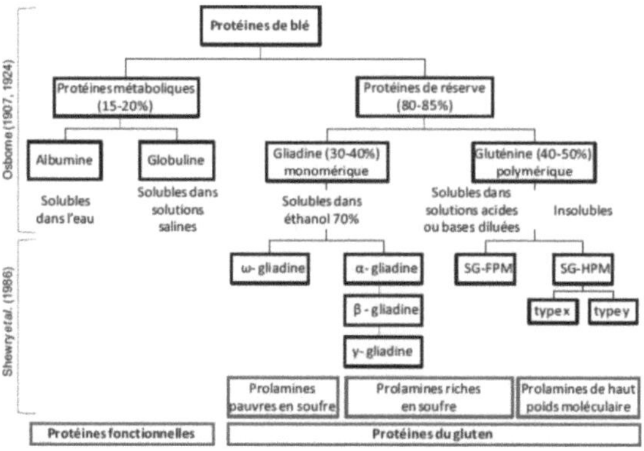

Figura 6- Classificação das proteínas do trigo. Comparação das classificações de Osborne (1907) e Shewry et al. (1986).

4. Enchimento do grão no trigo duro

A fase de enchimento, que dura cerca de 45 dias, é marcada pelo alargamento do grão (Battinger, 2002), acumulação de reservas e desidratação gradual, que marca o fim da maturação (Soltner, 1988). As reservas de amido e proteína do grão são acumuladas no albúmen, que é constituído pela camada periférica de aleurona e por células internas ricas em amido (Barron et al., 2012). O enchimento de amido e proteína começa no final da organização do tecido de reserva, marcado pela compartimentação celular do albúmen. Vários factores genéticos e ambientais afectam a síntese e a acumulação de amido e proteínas. proteínas nos grãos (Dupont e Altenbach, 2003). Panozzo e Eagles (1999) mostraram que as taxas e a duração da acumulação de amido e de proteínas são consideradas eventos independentes, controlados por mecanismos distintos. Estes factores distinguem-se pela natureza genética das cultivares e pelos parâmetros climáticos, em particular a temperatura e a precipitação (Yin et al., 2009).

A síntese de amido provém principalmente da fotossíntese durante o enchimento do grão, enquanto a acumulação de azoto no grão provém principalmente do azoto assimilado e armazenado durante a fase vegetativa (Wiegand e Cuellar, 1981; Bogard, 2011). Existem três fases principais no desenvolvimento do grão (Olsen, 2001).

Fase do grão leitoso: caracteriza-se pela multiplicação das células e pela organização do parênquima de reserva que constitui o albúmen. Durante este período, o teor de água das células aumenta, acompanhado de uma fraca constituição dos grãos de amido e da deposição de proteínas (Carceller e Aussenac, 1999; Dupont e Altenbach, 2003). Nesta fase, os envelopes dos grãos diferenciam-se. É de notar que a rapidez e a intensidade da acumulação de reservas dependem estreitamente do estado de hidratação celular e da organização do albúmen, em função do número e do tamanho das células que o compõem (Egli, 1998).

Fase de pasta: é a principal fase do enchimento do grão, durante a qual as reservas migram e se organizam no interior do grão. Esta fase caracteriza-se por um aumento do volume do grão induzido por uma polimerização intensa dos açúcares simples em amido e pela deposição de proteínas (Sofield et al., 1977; Singh e Jenner, 1982; Jenner et al., 1991, Panozzo e Eagles, 1999; Shewry et al., 2009). É durante esta fase que os teores de amido e de proteínas se estabilizam (Calderini et al., 2000) e a quantidade de água absorvida é igual à evapotranspirada (Gooding et al., 2003). Este período é conhecido como a fase de planalto hídrico, quando os teores de humidade dos grãos rondam os 40-45%.

Fase de maturação fisiológica: é conhecida como a fase de dessecação do grão ou de maturação fisiológica (Boufenar e Zaghouane, 2006). É marcada pela cessação da migração de reservas para o grão e pela redução do seu teor de humidade (15% a 16%), sendo atingido o seu peso final (Gate, 1995; Wardlaw, 2002).

4.1. Fontes de enchimento para cereais

Durante o enchimento do grão, os assimilados são fornecidos por duas fontes principais, a fotossíntese corrente nos órgãos vegetativos e a remobilização das reservas durante o período pós-antese (Blum et al., 1991; Bahlouli et al., 2008). A proporção de cada fonte neste processo depende da qualidade do abastecimento hídrico da planta, sendo a água um fator determinante na longevidade dos órgãos vegetativos e na circulação da seiva (Amigue et al., 2006).

4.1.1. Fotossíntese

A atividade fotossintética pós-antese dos órgãos vegetativos, principalmente os localizados acima do último nó, é uma importante fonte de enchimento do grão (Fellah et al., 2002; Bahlouli et al., 2008). Assim, um aparelho vegetativo do caule mais desenvolvido, nomeadamente o sistema foliar, proporciona consistência no aparelho fotossintético e maior eficiência na produção de assimilados essenciais ao enchimento do grão (Belkharchouche et al., 2009). No entanto, esta atividade depende da longevidade dos órgãos em causa. De facto, esta longevidade, que determina a duração da atividade destes órgãos, é condicionada pela nutrição hídrica da planta. A declaração de seca durante esta fase reduz esta atividade e limita a participação desta fonte no enchimento e na formação do grão. Os principais órgãos responsáveis por esta atividade são a folhagem, em particular a última folha, o colo da espiga, a barba e os constituintes da espiga (envelopes, a semente em desenvolvimento).

4.1.1.1. A espiga

Através da sua atividade fotossintética, a espiga desempenha um papel essencial na assimilação de assimilados no grão durante a sua formação e enchimento (Bort et al., 1994). A contribuição deste órgão para o rendimento fotossintético global da planta pode representar uma proporção significativa que varia entre 13 e 76% (Biscope et al., 1975), consoante a cultura e as condições climáticas. Esta contribuição aumenta ainda mais em situações de défice hídrico terminal, em que a espiga é o principal órgão responsável pelo desenvolvimento do rendimento do trigo duro (Gate et al., 1993; Bammoun, 1997). Em condições de seca, a fotossíntese na espiga desempenha um papel relativamente maior no enchimento do grão do que na folha bandeira, no entanto, a espiga contribui para o aumento da perda de água pela presença de farpas pontilhadas de lenticelas, bem como de tomates, o que lhe confere uma condutância epidérmica (Ali Dib et al., 1992). No entanto, de acordo com Febrero et al (1990), as espigas com farpas curtas ajudam a limitar esta perda de água.

4.1.1.2. As barbas

A presença de barbas nos cereais aumenta a possibilidade de utilização da água e a produção de matéria seca durante a fase de maturação (Nemmar, 1980). Contribuem para melhorar o rendimento fotossintético global da planta e, segundo Bort et al (1994) e Fokar et al (1998), a fotossíntese nas espigas com barba é menos sensível à ação inibidora das temperaturas elevadas do que nas espigas sem barba. Segundo Hurd (1974), quando a última folha entra em senescência, a contribuição da barba para o rendimento atinge 7%, o que confere ao trigo com barba uma vantagem (Hadjichristodoulou, 1985).

4.1.1.3 O passe l'épi

O papel desta parte do caule é consolidado pela sua atividade fotossintética corrente durante a fase de enchimento do grão e os assimilados armazenados a este nível são susceptíveis de serem transportados para o grão em desenvolvimento, essencialmente em situações de défice hídrico terminal (Gate et al., 1992). Bahlouli et al (2008) referem que os assimilados deste órgão são mais elevados em condições climatéricas desfavoráveis do que em condições favoráveis. No entanto, foi observada uma correlação positiva entre o comprimento do colo da espiga e a altura da planta (El-Hakimi, 1995).

4.1.1.4. A última folha

A contribuição da última folha para o peso final do grão depende das condições climáticas que afectam a sua superfície, longevidade e atividade fotossintética. Alguns estudos (Planchon, 1976; Abbad et al., 2004; Tambussi et al., 2005, 2007; Lopes et al., 2006; Khaliq et al., 2008) mostram que a contribuição da última folha é importante na determinação do rendimento final do trigo duro. Segundo Clarke (1989) e Monneveux (1991), a longevidade da última folha, estimada pela variação da sua superfície verde, fornece informações sobre o nível de funcionamento do aparelho fotossintético na presença de um défice hídrico. Segundo Auriau (1978), a longevidade e a atividade fotossintética da última folha têm uma grande influência no rendimento do grão dos cereais.

4.1.2. Remobilização de reservas

A fase vegetativa de uma cultura cerealífera, durante a qual se formam os diferentes órgãos vegetativos, tem um impacto importante no desempenho da produção. É nestes órgãos que se organizam os tecidos de reserva de azoto e de hidrocarbonetos (Bogard, 2011). Durante o período reprodutivo, a translocação destes assimilados desempenha um papel eficaz no enchimento do grão e, por conseguinte, na determinação do seu peso final e da qualidade das suas reservas (Belkharchouche et al., 2009). A importância relativa dos assimilados remobilizados no enchimento do grão depende da quantidade de matéria seca acumulada na fase de espigamento (Bahlouli et al., 2008; Belkharchouche et al., 2009). O envolvimento da remobilização na formação do grão depende da duração da fase de antese-maturidade. Segundo Blum (1998), o crescimento precoce ou a prevenção do défice hídrico terminal implica uma utilização reduzida das suas reservas, enquanto o crescimento tardio se caracteriza por uma grande remobilização destas reservas a partir do restolho. No entanto, em condições de seca, as cultivares de palha alta, geralmente tardias, são vantajosas devido à elevada quantidade de assimilados armazenados e remobilizados durante a fase de enchimento do grão, melhorando assim o peso e a qualidade do grão (Simane et al., 1993; Bahlouli et al., 2008). O carácter de palha alta está também associado a um alongamento radicular mais pronunciado, o que confere à planta uma maior capacidade de extração de água (Bagga et al., 1970).

MATERIAIS E MÉTODOS

1. Objetivo do trabalho

O enchimento do grão é uma fase-chave no desenvolvimento do rendimento do trigo duro. Esta fase é largamente condicionada pelas propriedades intrínsecas das cultivares cultivadas e pelos efeitos ambientais que ocorrem durante o processo. A interação entre estes dois factores promete ser extremamente importante. O enchimento do grão e a qualidade do grão dependem da disponibilidade de fotoassimilados nesta fase, provenientes da fotossíntese corrente e da remobilização das reservas armazenadas durante o período vegetativo da planta. O principal objetivo do trabalho desenvolvido na tese é elucidar a intervenção dos dois processos envolvidos no enchimento do grão em condições de défice hídrico, tendo sido também estudada a interação entre a variabilidade genética do trigo duro e as variações no fornecimento de água. A interação entre a variabilidade genética do trigo duro e as variações no fornecimento de água foi também estudada. O envolvimento dos vários órgãos da planta responsáveis pela fotossíntese corrente e pela remobilização de reservas no enchimento do grão e no desenvolvimento da qualidade foi elucidado. Estes estudos foram efectuados em diferentes genótipos submetidos a diferentes regimes de carência hídrica em condições de campo e controladas.

2. Ensaios de campo

Os ensaios de campo foram realizados na quinta experimental da Universidade Ibn Khaldoun em Tiaret (34°04' e 35°11' de latitude norte e entre 1°33' e 1°53' de longitude leste; a uma altitude de 1031m), durante três épocas consecutivas (2012/2013, 2013/2014, 2014-2015). O sistema adotado compreende dois tratamentos, um em condições de regadio e outro em condições de sequeiro. Em cada tratamento, os genótipos foram dispostos em blocos ao acaso com três repetições para cada um (Tab. 3). A taxa de sementeira utilizada foi de 21 plantas por linha, com 1 m de comprimento e 20 cm de distância. Durante os ensaios, foram efectuadas as necessárias mondas manuais. No que diz respeito ao tratamento de regadio, a rega de compensação por imersão foi efectuada todas as semanas durante os períodos de seca agronómica ao longo das três campanhas de rega.

Quadro 3- Instalação experimental

36	27	28	39	30
31	38	33	34	40
26	37	32	29	35
41	52	43	44	45
46	47	68	49	50
51	42	53	54	59
56	57	10	73	69
61	62	63	64	72
66	67	48	60	70
71	65	59	74	75
76	88	78	79	80
81	94	93	84	85
86	92	77	83	95
91	87	89	82	90
99	104	5	8	100
96	109	97	105	98
101	9	102	118	115
1	111	2	4	112
58	106	116	110	103
114	3	6	7	119
108	120	117	107	113
11	16	22	24	14
13	20	15	18	12
23	17	21	25	19

36	27	28	39	30
31	38	33	34	40
26	37	32	29	35
41	52	43	44	45
46	47	68	49	50
51	42	53	54	59
56	57	10	73	69
61	62	63	64	72
66	67	48	60	70
71	65	59	74	75
76	88	78	79	80
81	94	93	84	85
86	92	77	83	95
91	87	89	82	90
99	104	5	8	100
96	109	97	105	98
101	9	102	118	115
1	111	2	4	112
58	106	116	110	103
114	3	6	7	119
108	120	117	107	113
11	16	22	24	14
13	20	15	18	12
23	17	21	25	19

Treatment under rainfed conditionsTreatment under irrigated conditions

2.1. Material vegetal

O material vegetal é constituído por 120 genótipos de trigo duro (Triticum durum Desf.) de diferentes origens. A coleção inclui variedades cultivadas na Argélia, incluindo as selecionadas pelas populações locais. O material vegetal foi fornecido pelo Institut technique des grandes cultures (ITGCT) de Tiaret. A lista dos genótipos utilizados e das suas origens é apresentada em anexo (Apêndice Tab.1). Os critérios de seleção dos genótipos utilizados basearam-se, nomeadamente, na sua origem, caraterísticas fenológicas, caraterísticas morfológicas e grau de tolerância ao défice hídrico.

2.2. Condições climáticas das campanhas

Os dados climáticos para o período experimental foram fornecidos pela estação meteorológica de Tiaret. Os diferentes parâmetros climáticos durante estes períodos foram muito variáveis, e os seus pormenores serão apresentados mais tarde e separadamente para as diferentes campanhas.

2.2.1. Campanha 2012/2013

A precipitação anual durante esta estação foi de 632,8 mm, registada principalmente entre setembro de 2012 e junho de 2013 (Fig. 7). novembro, janeiro e março foram os meses mais húmidos, com 322,6 mm.

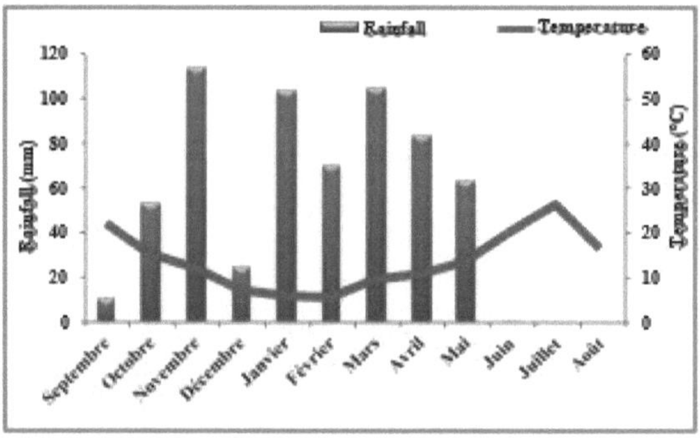

Figura 7- Diagrama umbrotérmico para a campanha de 2012/2013.

As temperaturas médias mensais registadas durante esta campanha variaram. As temperaturas médias mais elevadas foram registadas em junho e julho de 2013. As temperaturas médias mais baixas foram registadas entre dezembro e março.

2.2.2. Campanha 2013/2014

A precipitação total registada durante a época 2013-2014 foi de 425,5 mm, o que representa um défice de 207,3 mm em comparação com a primeira época de experimentação (Fig. 8). dezembro, janeiro, fevereiro e março foram os meses mais húmidos do ano, com uma precipitação acumulada de 331,5mm. A precipitação foi mais baixa em abril (0,7mm) e maio (4,8mm), que coincidem com a fase de enchimento do grão. As temperaturas médias máximas e mínimas foram registadas em junho (33,46°C) e dezembro (0,7°C), respetivamente.

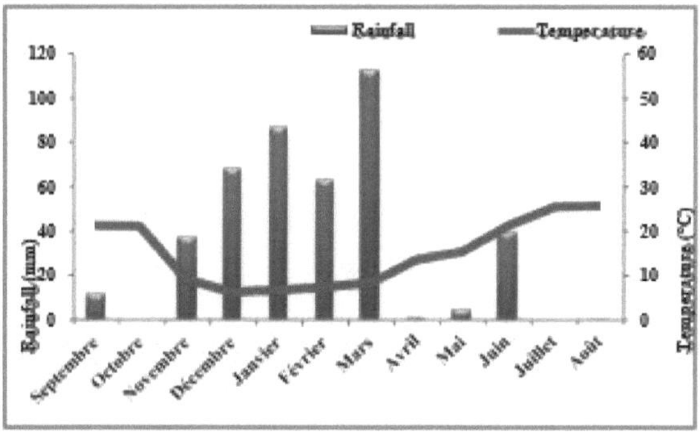

Figura 8- Diagrama umbrotérmico para a campanha 2013/2014.

2.2.3. Campanha 2014/2015

A estação 2014/2015 foi caracterizada por uma precipitação de 445 mm (Fig.9), a maior parte da qual foi recebida durante o período entre setembro, dezembro e fevereiro (291 mm). Esta estação foi caracterizada por uma seca agronómica que se estendeu por um período de 5 meses (março-julho).

As temperaturas médias variaram entre um mínimo de 4,91°C (fevereiro) e um máximo de 21,07°C (junho).

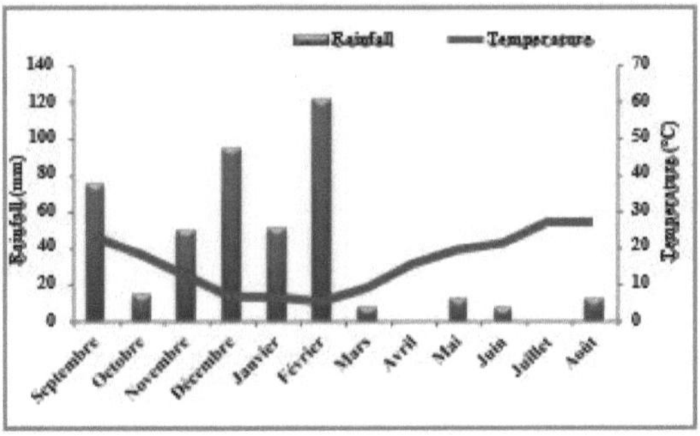

Figura 9- Diagrama umbrotérmico para a campanha 2014/2015.

2.3. Instalação do sistema de enchimento

Para avaliar a contribuição da fotossíntese corrente dos diferentes órgãos da planta e a remobilização dos órgãos no enchimento do grão, foi adotado um sistema a partir da fase de antese. Para o efeito, toda a planta foi sombreada por uma folha de alumínio para determinar a contribuição da remobilização das reservas para o enchimento do grão. A avaliação da fotossíntese atual foi efectuada por sombreamento do colo da espiga e da espiga com folha de alumínio e por excisão da última folha e da barbela da espiga (Fig. 10). As plantas de controlo foram mantidas sem qualquer manipulação.

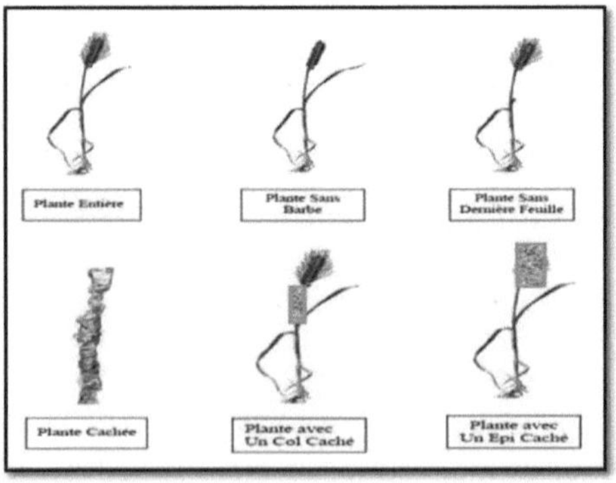

Figura 10- Instalação experimental para os ensaios de campo

2.3.1. Medições

2.3.1.1. Caracterização morfológica dos genótipos utilizados

Quando os genótipos testados atingiram a maturidade fisiológica, foram efectuadas medições morfológicas nas plantas:

- Altura da planta (cm)
- Comprimento do último nó (cm)
- Comprimento do pescoço da orelha (cm)
- Comprimento da orelha (cm)

Na mesma fase, o peso de mil grãos foi determinado nas plantas de controlo e nas que foram submetidas ao dispositivo de enchimento. A taxa de contribuição dos órgãos envolvidos neste processo e a remobilização das reservas foram determinadas pelo seguinte método:

- A contribuição da fotossíntese atual dos órgãos vegetativos

$$\text{Taux de la contribution} = \left[\frac{(\text{PMG plante Témoin} - \text{PMG plante avec organe ombré ou excisé})}{\text{PMG plante Témoin}}\right] \times 100$$

- La contribution de la remobilisation des réserves

$$\text{Taux de la contribution} = \left[\frac{\text{PMG plante Témoin} - \text{PMG plante entièrement cahée}}{\text{PMG plante Témoin}}\right] \times 100$$

- A contribuição das reservas de remobilização

3. Ensaios efectuados em condições controladas

As experiências em estufa foram realizadas para controlar o fator água separadamente de outros parâmetros climáticos. As plantas foram submetidas a diferentes níveis de abastecimento de água. Assim, foi possível distinguir o efeito dos regimes hídricos no enchimento do grão e na qualidade do grão. No primeiro ensaio, foi estudada a contribuição da fotossíntese atual e da remobilização das reservas para o enchimento do grão. O segundo ensaio avaliou a cinética do enchimento do grão.

3.1. Material vegetal utilizado

O material vegetal é constituído por cinco genótipos de trigo duro (Triticum durum Desf.) de diferentes origens e tolerância à seca. A coleção inclui dois genótipos de populações locais, Ouad zenati e Langlois. Os outros três genótipos, Waha, Acsad 1361 e Mexicali 75, foram introduzidos pelo ICRDA, ACSAD e CIMMYT, respetivamente. As principais caraterísticas agronómicas dos genótipos são apresentadas no quadro 4.

Quadro 4- Principais caraterísticas agronómicas dos genótipos utilizados.

Código do genótipo	Nome do genótipo	Origem	Tolerância à seca	Ciclo vegetativo
01	WAHA	ICARDA	Elevado	Cedo
02	ACSAD1361	ACSAD	Baixa	Semi-tardio
03	MEXICAL 75	CIMMYT	Médio	Cedo
04	OUAD ZENATI	LOCALE	Médio	Tardif
05	LANGLOIS	LOCALE	Elevado	Tardif

3.2. Condições para a realização de ensaios

A experiência foi efectuada numa estufa automática da Faculdade de Ciências Naturais e da Vida da Universidade Ibn Khaldoun de Tiaret. Sementes desinfectadas e pré-germinadas foram semeadas em cilindros de PVC com 120 cm de comprimento e 20 cm de diâmetro, preenchidos com um substrato homogéneo constituído por areia, terra e composto em proporções de 8:3:1, respetivamente. A temperatura na estufa foi mantida aproximadamente a 25°C (diurna) e 15°C (nocturna) e a humidade relativa a 70%. Os cilindros foram dispostos em três lotes com diferentes tratamentos hídricos (Fig. 11 e 12). Desde a instalação até à fase de antese, todos os cilindros foram levados à capacidade de campo através de uma adição diária de 300 ml de água. A água de irrigação foi substituída quatro vezes por uma solução nutritiva comercial do tipo ACTIVEG. Após a antese, os regimes de irrigação foram modificados. Para o tratamento de controlo, os cilindros foram mantidos à capacidade de campo (100%CC) até à maturidade, enquanto os outros dois lotes foram regados sob défice hídrico, avaliado a 60% da capacidade de campo (60%CC) e 30% da capacidade de campo (30%CC). Para cada tratamento hídrico, cada genótipo foi repetido cinco vezes, perfazendo um total de 25 cilindros por tratamento hídrico e 75 cilindros para os três regimes hídricos.

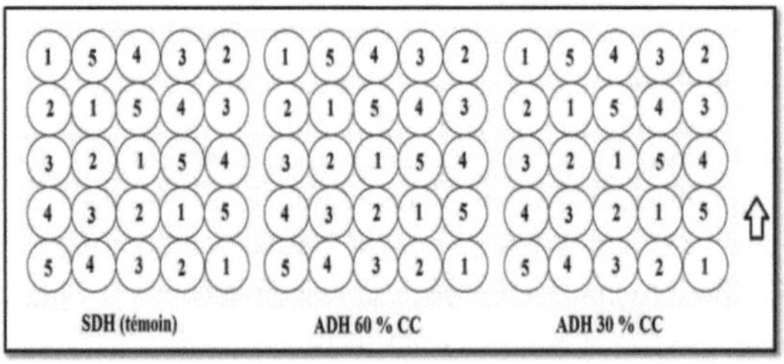

Figura 11- Diagrama esquemático da montagem experimental.

Figura 12- Vegetação no local, fase de aparafusamento.

Para avaliar a contribuição das diferentes partes da planta para a formação dos grãos, foi adotado um sistema (Fig.13). Para cada tratamento hídrico e para todas as réplicas, as plantas foram divididas em seis tratamentos. Plantas de controlo, plantas sem a última folha, plantas sem barba, plantas com espiga escondida, plantas com colarinho escondido, plantas totalmente escondidas e plantas sem todos os estádios foliares. Os diferentes órgãos foram retirados com uma tesoura. Os diferentes órgãos foram escondidos com uma folha de alumínio. Foram efectuadas perfurações muito finas na folha de alumínio para melhorar a circulação do ar e as trocas gasosas com o ambiente. A figura 13 resume os tratamentos efectuados nas plantas.

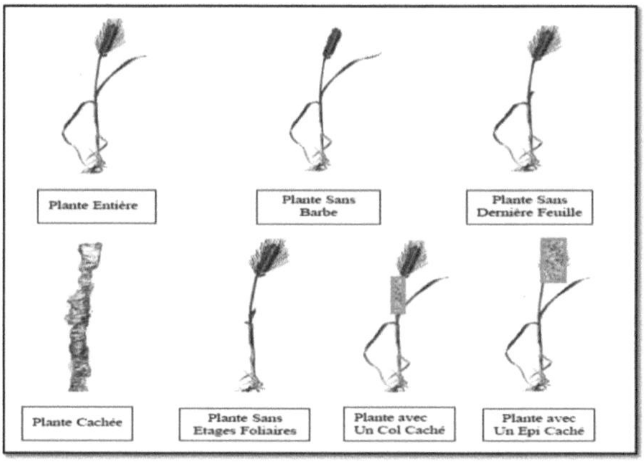

Figura 13- Diagrama do sistema de enchimento por sombreamento e excisão de órgãos.

3.3. Medições

3.3.1. Prova 1: Contribuição dos órgãos para o enchimento do grão

Na maturidade fisiológica, foi efectuada uma caraterização morfológica dos genótipos testados. Foram efectuadas as seguintes medições:

- Altura da planta (cm)
- Comprimento do último nó (cm)
- Comprimento do pescoço da orelha (cm)
- Comprimento da orelha (cm)
- O comprimento da barba das orelhas (cm)
- Área foliar determinada por um planímetro eletrónico (cm^2)

O peso de mil grãos foi determinado para todas as plantas dos três tratamentos, dos controlos e do sistema de enchimento. A partir dos valores desta componente do rendimento, foram determinadas as taxas de contribuição da fotossíntese atual e da remobilização das reservas para o enchimento do grão, de acordo com as seguintes fórmulas

- A contribuição da fotossíntese atual dos órgãos vegetativos

$$\text{Taux de la contribution} = \left[\frac{(\text{PMG plante Témoin} - \text{PMG plante avec organe ombré ou excisé})}{\text{PMG plante Témoin}}\right] \times 100$$

- La contribution de la remobilisation des réserves

$$\text{Taux de la contribution} = \left[\frac{\text{PMG plante Témoin} - \text{PMG plante entièrement cahée}}{\text{PMG plante Témoin}}\right] \times 100$$

4. Análise dos resultados

Os resultados dos vários testes foram submetidos a uma análise estatística (ANOVA) utilizando o STATISTICA Versão 8.0.

RESULTADOS

1. Ensaios de campo -

1.1. Caracterização e efeitos do regime hídrico nos principais parâmetros morfológicos dos genótipos testados ao longo de três anos de experimentação.

O processo de enchimento do grão no trigo duro baseia-se essencialmente nas reservas desenvolvidas durante a fase de formação do grão. Estes processos estão ligados ao comportamento morfológico da planta e à qualidade dos factores ambientais em que estas caraterísticas se exprimem. Neste contexto, é de salientar que o fornecimento de água e a variabilidade do material vegetal são os principais factores que determinam a qualidade e o peso final do grão. Esta parte do trabalho diz respeito à identificação dos órgãos vegetativos aéreos responsáveis pelo desenvolvimento e translocação das reservas durante a fase de enchimento do grão. Numa primeira fase, procede-se à caraterização morfológica dos genótipos utilizados e à avaliação dos efeitos das variações do fornecimento de água na expressão destas caraterísticas. A análise dos resultados reportados no Quadro 05 para as campanhas em estudo (2012-2013, 2013-2014 e 2014-2015) mostra que os genótipos testados apresentam caraterísticas morfológicas muito distintas e que a sua expressão é fortemente influenciada pelos regimes hídricos adoptados ($p<0,001$). De facto, a ausência de rega foi acompanhada por uma clara redução das magnitudes das caraterísticas morfológicas em causa neste estudo. Os efeitos impostos pela interação entre a natureza dos genótipos, as campanhas de gestão e os regimes hídricos aplicados revelaram-se significativos sobre a expressão destes caracteres, anunciando assim uma distinção genotípica em relação aos factores ambientais para o seu desenvolvimento ($p<0,001$). Estes parâmetros dizem respeito à altura da planta, ao comprimento do último nó, ao comprimento do colo da espiga e ao comprimento da espiga. O peso de mil grãos foi determinado e utilizado para estimar a contribuição dos órgãos apresentados mais adiante nesta parte do trabalho.

Quadro 5- Efeitos dos genótipos, das condições hídricas, do ano de ensaio e da sua interação na expressão dos caracteres morfológicos selecionados.

	HP	LDN	LCE	LE
Genótipos	70,299***	51,914***	18,688***	3,0737***
Situação da água	726,440***	248,9285***	22,991***	0,31701 ns
Ano	754,5709***	311,4667***	59,997***	11,2308***
Genótipos*Condições da água	15,259***	24,0181***	8,8059***	1,91804***
Genótipos*Ano	24,144***	10,0287***	3,638***	1,5982***
Situação da água*Ano	6,6942***	1,717 ns	1,9648 ns	7,5031***
Genótipos*Estado da água*Ano	7,747***	6,0579***	2,540***	1,1372 ns

HP = Altura da planta, LDE = Comprimento do último entrenó, LCE = Comprimento do colo da espiga, LE = Comprimento da espiga, ***efeito significativo a $p \leq 0,001$

1.1.1. Campanha de 2012- 2013

Os resultados obtidos nas medições de caraterísticas durante a campanha de estudo 2012-2013 são muito variáveis entre os genótipos testados e entre os regimes hídricos adoptados e a sua interação (Tab. 06).Os resultados obtidos para a altura da planta (Apêndice Tab.2) mostram que os valores obtidos para o tratamento em regadio variam entre 111,00cm±2,64 (Langlois) e 49,33cm±0,59 (CNDO/VEE//7*PLATA_8/3/GUANAY/10/ PLATA_10 /6/MQUE/4/...).No tratamento realizado em condições de sequeiro, os valores desta caraterística situaram-se entre OUED ZENATI (85,50cm±1,04) e Guanay/3/Stot//Altar84/ADL (38,16cm±3,03). Neste contexto, verifica-se que a ausência de irrigação provocou reduções variáveis nas magnitudes desta caraterística, que se situam no intervalo de 58% e 2% registado, respetivamente, nos genótipos ACSAD1351 e OUED ZENATI. De facto, no lote de regadio, os comprimentos variaram entre um máximo de 33,33cm±0,72 e um mínimo de 9,43cm±1,32 registados, por ordem, por Gloire de Mongolfier e KOFA/3/SOMAT_3/PHAX_1//TILO_1/LOTUS_4. Para este carácter, o efeito do défice hídrico foi notável onde a redução do seu comprimento atingiu um valor de 26,73cm±0,83 (OUED ZENATI). Por outro lado, o genótipo LANGLOIS apresentou a menor sensibilidade ao desenvolvimento desse comprimento, com uma redução de 0,43±0,12cm.Em relação ao comprimento do último nó, foram observados os mesmos efeitos da variação no suprimento de água. No lote irrigado, os comprimentos variaram de 21,06 cm±2,21 (ACSAD1359) a 54,01 cm±2,12 (POLONICUM). O efeito redutor médio do défice hídrico sobre a sua expressão foi de 10%, variando entre 1% (ACSAD1367) e 32% (Ofanto/Boussalem 1s).Os resultados médios para o comprimento da espiga mostram que os valores mais elevados são registados para os genótipos do sistema de regadio. A este nível, o genótipo Langlois destaca-se com um comprimento elevado de 7,21cm±0,28, enquanto o genótipo WAHA apresenta o valor mais baixo com 3,33cm±0,44. Em condições de chuva, todos os genótipos registaram uma redução deste parâmetro com um valor médio de 11%. A maior redução foi registada pelo genótipo WAHA (42%), enquanto a menor foi registada pelo genótipo ACSAD1305 (1%).

Tabela 6- Efeitos do genótipo, do regime hídrico e da sua interação na expressão dos parâmetros morfológicos medidos durante 2012-2013.

	HP	LDE	LCE	LE
Genótipos	6,3189***	2,4500***	3,8050***	2,3410***
Situação da água	55,7478***	5,2642 ns	6,5108**	16,525***
Genótipos*Condições da água	4,5668***	1,5269***	2,7759***	1,6718***

HP = Altura da planta, LDE = Comprimento do último nó, LCE = Comprimento do colo da espiga, LE = Comprimento da espiga; ***efeito significativo a p≤ 0,001

1.1.2. Campanha de 2013- 2014

Durante este ano de experimentação (2013/2014), os efeitos da natureza dos genótipos cultivados e do fornecimento dc água adotado foram significativos sobre os resultados dos parâmetros medidos (Tab. 7). A altura da planta, o comprimento do último entrenó, o comprimento do colo da espiga e o comprimento da espiga variaram muito entre os genótipos testados dentro e entre os dois regimes hídricos aplicados. A interação entre o genótipo e o regime hídrico também exerceu uma influência importante na sua expressão. Isso indica uma distinção genotípica em relação às variações nos níveis de suprimento de água para o desenvolvimento dessas caraterísticas.

Os resultados médios registados (Anexo Tab.3) das medições da altura das plantas mostram que os seus valores no lote de regadio oscilam entre os valores extremos de 46,3cm±0,49 (Sooty-9/Rascon-37/4/Storlom/3/Rascon37/...) e 100,67cm±6,17 (OUED ZENATI). O genótipo Gloire de Mongolfier também registou uma altura superior a 100cm com 100,23cm±0,96. A ausência de irrigação provocou reduções claras na altura dos genótipos testados. Os valores médios obtidos a partir das medições efectuadas sobre este parâmetro variaram entre 30,33cm±0,88, registados pelo genótipo Hubei//Sooty_9/Rascon_37/3/2*Sooty_9/Rascon_37/4/Sooty_9/Rascon_37, e 83cm registados conjuntamente pelos genótipos DUILIO e OUED ZENATI.

Os valores médios obtidos a partir de medições do comprimento do último entrenó em plantas de regadio mostram que se situam no intervalo delimitado pelos extremos de 12,33cm±0,20 (ACSAD1339) e 42,03cm±1,15 (ACSAD1359). Para a mesma linha e em condições de chuva, os valores obtidos foram reduzidos e variaram de 11,56cm±1 (KOFA/3/SOMAT_3 /PHAX_1// TILO_1/LOTUS_4) a 40,83cm±8,92 (LLARETA INIA/4/SKEST//HUI/TUB/3/SILVER/5 LHNKE/RASCON//...)

Os valores obtidos nas medições do comprimento do colo da orelha também variaram entre os genótipos testados. Na ausência de rega, observaram-se reduções mais ou menos significativas no comprimento deste parâmetro. No lote irrigado, os valores de comprimento do colo da orelha obtidos variaram entre 6,16cm±0,44 (WAHA) e 23,37cm±0,63 (ACSAD1339). Para as plantas de sequeiro, os comprimentos desta caraterística são reduzidos e oscilam entre os valores extremos de 2,4cm±1,3 e 21,7cm±0,85 registados respetivamente pelos genótipos LANGLOIS e Rascon/Dukem/3/THB/CEP7780//2*Musk-4/5/....

As variações nos resultados obtidos nas medições do comprimento da espiga parecem ser mais sensíveis ao efeito genotípico do que as impostas pelos regimes hídricos aplicados. No tratamento de regadio, os valores registados variaram entre 3,47cm±0,29 e 7,1cm±0,1 para os genótipos CNDO/VEE//CELTA/3/PATA_2/6/ ARAM_7/ CREX/ALLA/5/ENTE/... e Ajaia-16//Hora/jro/3/Gan/4/Zar/5/Malmuk-l..... Na ausência de rega, em condições de sequeiro, os genótipos GUEMGOUM R' KHEM e YAVAROS 79 destacam-se dos restantes, com valores extremos de 3,8cm±0,3 e 7,43cm±0,72 respetivamente.

Tabela 7- Efeitos do genótipo, regime hídrico e sua interação na expressão dos parâmetros morfológicos medidos durante a época 2013-2014.

	HP	DN	CE	EPI	PMG
Genótipos	5.56***	5.42***	5.64***	3.63***	5.48***
Situação da água	219.02***	66.26***	67.9***	6.14*	1121.21***
Genótipos*Condições da água	2.91***	2.92***	2.76***	2.38***	2.96***

HP = Altura da planta, LDE = Comprimento do último entrenó, LCE = Comprimento do colo da espiga, LE = Comprimento da espiga, ***= efeito significativo a p< 0,001

1.1.3. Campanha 2014 - 2015

A análise dos resultados obtidos durante esta campanha (Tab. 8) mostra que todos os parâmetros morfológicos selecionados (altura da planta, comprimento do último entrenó, comprimento do colo da espiga, comprimento da espiga) são muito influenciados pelas variações da natureza dos genótipos e do regime hídrico adotado. A interação destes dois factores conduz também a variações significativas nos resultados obtidos, indicando uma distinção genotípica no que diz respeito às alterações no fornecimento de água, para a expressão destas caraterísticas morfológicas.No que diz respeito à altura da planta, os resultados médios obtidos no lote de regadio (Anexo Tab.4) indicam que os seus valores oscilam entre os extremos de 49,33cm±0,6 e 111cm±2,65 detidos, respetivamente, pelos genótipos CNDO/VEE//7*PLATA_8/3/ GUANAY /10/PLATA_10/6/MQUE/4/... e LANGLOIS.Para este mesmo parâmetro e em condições de sequeiro, os valores obtidos situaram-se no intervalo de 30,33cm±13,34 e 85,5cm±1,04 expressos, por ordem, pelos genótipos 35 e 114. Estes resultados indicam que a ausência de irrigação, acompanhada pelo início de um défice hídrico, provocou uma redução da altura das plantas na maioria dos genótipos testados, com uma taxa média de 16%. É de notar que esta taxa variou consideravelmente entre os genótipos. Verificaram-se também variações notáveis no comprimento do último entrenó, devido à natureza dos genótipos e aos regimes hídricos adoptados. No tratamento de regadio, variaram entre 19,83cm±2,68 e 45,07±8,69, nos genótipos Artico/Ajaia-3//Hualita//3/2*Somat-4/Inter-8 e ACSAD1357, respetivamente. Em condições de sequeiro, estes valores extremos são mantidos pelos genótipos BONTE e Rascon_22/Rascon_21//Mojo_2/3/Guanay/4/Rcol/5/Sora/2*plata_12. /Somat_3 com 13cm±2,52 e 54,23cm±1,39 respetivamente. Os valores do comprimento do colo da espiga registados no lote de regadio situam-se entre os limites de 7,33cm±0,33 e 23,33cm±5,81, respetivamente, expressos pelos genótipos Stot//Altor84/ALD/3/Green-l8/focha-l/... e Hubei//Sooty_9/Rascon_37/3/2. *Sooty_9/Rascon_37/4/Sooty_9/Rascon_37. Por outro lado, no lote cultivado em condições de sequeiro, o comprimento do colo da espiga variou entre 0,43 cm±0,12 (LANGLOIS) e 33,33 cm±0,73 (GLOIRE DE MONGOLFIER). Verifica-se

que o colo da espiga é o parâmetro morfológico mais sensível às variações do abastecimento de água, nomeadamente durante o período de vingamento-floração. No entanto, esta redução está intimamente ligada à natureza do genótipo em causa. Verifica-se que no genótipo atinge uma taxa de 97%, enquanto que a média de todos os genótipos é de 9,5%.
O efeito da ausência de irrigação no desenvolvimento do comprimento do pi parece ser fraco nestas condições. A taxa média de redução registada para todos os genótipos foi de 4,48%. Na parcela irrigada, os valores de comprimento de espiga oscilaram entre os extremos de 3,8cm±0,25 e 7,23cm±0,51, registados respetivamente pelos genótipos Sooty-9/Rascon-37/4/Storlom/3/Rascon37/... e CMH77.774/CORM//SOOTY_9/RASCON_37/3/SOMAT_4INTER_8. Enquanto que em condições de chuva estes valores são da ordem de 3,3cm±0,1 e 6,7cm±0,44, registados em ordem pelos genótipos SOMAT_4/INTER_8/4/GODRIN/GUTROS//DUKNEE_11/5/ e LANGLOIS.

Tabela 8- Efeitos do genótipo, regime hídrico e sua interação na expressão dos parâmetros morfológicos medidos durante a safra 2014/2015.

	HP	LDE	LCE	LE	PMG
Genótipos	5.14***	5.17***	8.23***	2.44***	10,7608***
Situação da água	287.56***	29.75***	33.70***	16.30 ns	1245,7230 ***
Genótipos*Condições da água	4.20***	3.40***	5.74***	1.69***	7,2953***

HP = Altura da planta, LDE = Comprimento do último entrenó, LCE = Comprimento do colo da espiga, LE = Comprimento da espiga, ***= efeito significativo a p< 0,001.

1.2. Contribuição dos vários órgãos da planta para o enchimento do grão nas três épocas

1.2.1. Campanha 2012/2013

Durante a época 2012/2013, o enchimento do grão foi essencialmente assegurado pela atividade fotossintética corrente da espiga e da última folha (Fig. 14). A contribuição destes dois órgãos foi elevada em ambos os tratamentos, com e sem irrigação. A contribuição média da espiga de todos os genótipos testados foi de 23% no lote irrigado e de 19% no tratamento de sequeiro (Anexo Tab. 5). A contribuição da última folha para o enchimento de grãos foi de 16,13% no lote irrigado e 17,23% no lote de sequeiro. No entanto, houve uma diferença genotípica muito acentuada no envolvimento desses dois órgãos no enchimento de grãos. Em relação à razão de contribuição da espiga, no tratamento irrigado, os maiores valores de 44% e 40% foram encontrados nos genótipos ACSAD 1107 e Bousselem/Ofanto. A participação deste órgão no tratamento de sequeiro atingiu um valor máximo de 43% em Ajaia-

16//Hora/jro/3/Gan/4/Zar/5/Malmuk-l..... A contribuição relativa da espiga no processo de enchimento atingiu valores de 16,25% (condições de regadio) onde o genótipo Stj3/Bcr/Lks4/3/Ter-3 se destacou com um valor máximo de 37,41%. Em em condições de seca, a contribuição média é de cerca de 10,35% com um valor máximo de 40,56% registado pelo genótipo NUS/SULA//5*NUS/4/SULA/RBCE_2/3HUI//CIT71/CII*2/5/....
A remobilização das reservas é também uma fonte importante de enchimento dos grãos. As taxas médias desta participação são de 11,21% (regadio) e 15,36% (sequeiro). Estes resultados indicam que, em condições de sequeiro, a remobilização das reservas é uma fonte mais importante dos assimilados essenciais ao enchimento do grão do que em condições de regadio. Na parcela irrigada, a contribuição média da remobilização atingiu um valor máximo de 37,40% (ACSAD1339). Na parcela de sequeiro, a contribuição desta fonte foi de 49,32% para o genótipo ACSAD1315.
Durante esta estação, o colo da espiga e a barba estão igualmente envolvidos no enchimento do grão, embora em menor grau do que as outras fontes. Note-se que o papel desempenhado pelo colo da orelha no enchimento do grão é mais importante em condições de seca, ao contrário do que acontece com a barba.
O envolvimento médio do colo da espiga foi de cerca de 9,44% (regadio) e 9,77% (sequeiro). No entanto, foi observada uma distinção entre os genótipos para esta contribuição, onde a atingiu 27% no genótipo MOHAWK/10/PLATA_10/6/MQUE/4/USDA573//QFN/AA_7/3/ALBA-D em condições de regadio, e 30% no genótipo NUS/SULA//5*NUS/4/SULA/RBCE_2/3HUI. //CIT71/CII*2/5/... em condições de seca.

A contribuição relativa média da barbatimão é de 9,67% (condições irrigadas) onde o genótipo Waha se destaca com o maior valor avaliado em 26,42%. Em condições de sequeiro, a contribuição da atividade fotossintética da barba atingiu 9,31%, com o genótipo BICHENA/AKAKI_7/3/SOMAT_3/PHAX_1//TILO_1LOTUS_4/7/... a apresentar a taxa mais elevada com 29,17%.

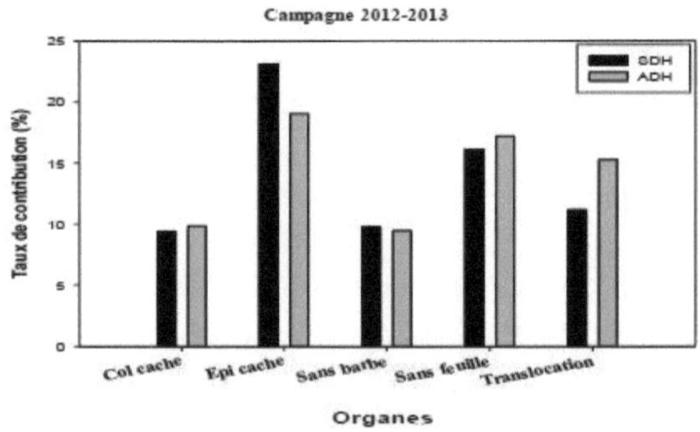

Figura 14- Contribuição relativa dos órgãos excisados e sombreados para o enchimento do grão durante a época 2012-2013.

1.2.2. Campanha de 2013- 2014

Durante esta época, o envolvimento das diferentes fontes no enchimento do grão está a seguir tendências diferentes das observadas durante o ano anterior (2012/2013). Nestas condições, existe uma clara diferença nas taxas de contribuição dos diferentes órgãos neste processo com as variações nos regimes hídricos efectuados. De um modo geral, é a remobilização de reservas, a atividade fotossintética da barba e da espiga que estão mais envolvidas no enchimento do grão, sobretudo em condições de sequeiro (Fig. 15).

A remobilização de reservas é a maior contribuição relativa para o enchimento do grão (Anexo Tab.6). As taxas para esta fonte foram de 11% (regadio) e 18,14% (sequeiro). Os valores máximos foram da ordem de 41,81% (IA.1D5+10-6/3*Moja//Rcol/4/Arment//SRN_3/Nigris_4/3/Canelo_9.1) e 60,42% (GLOIRE DE MONGOLFIER) nos tratamentos de regadio e sequeiro, respetivamente.

A contribuição da atividade fotossintética da espiga foi de 12,57% (regadio) e 11,39% (sequeiro). As taxas máximas de contribuição registadas nos dois tratamentos hídricos são de cerca de 48,30% (OFANTO/WAHA) e 36,58% (CANELO_9.1/SNITAN/10/PLATA_10/6/MQUE/4/USDA573//QFN/...).

A atividade fotossintética da barbatimão tem uma contribuição significativa no enchimento de grãos, principalmente em condições de sequeiro, onde atinge valores de 8,75% (irrigado) e 14% (sequeiro). Em condições de sequeiro esta contribuição atingiu um valor máximo de 41,61% (ACSAD1359), enquanto que em condições de regadio este envolvimento atingiu 28,34% (LAHN/CHI2003).A contribuição média de assimilados provenientes da atividade fotossintética do colo da espiga e da última folha foram de 7,33% (regadio), 9,89% (sequeiro) e 7,86% (regadio), 11,82% (sequeiro) respetivamente. No tratamento irrigado, os valores máximos para o envolvimento do colo da espiga são da ordem de 26% (Acsad l289) e no sequeiro esse máximo é de 33% (CANELO_9.1/SNITAN/10/PLATA_10/6/MQUE/4/USDA573//QFN/ ...).

Os valores máximos revelados pela contribuição relativa da atividade fotossintética nesta última são equivalentes a 28,63% (Ajaia-16//Hora/jro/3/Gan/4/Zar/5/ Malmuk-l...) e 40,21% (CNDO/VEE//7*PLATA_8/3/GUANAY/10/PLATA_10/6/MQUE /4/...) registados em condições de regadio e de sequeiro, respetivamente.

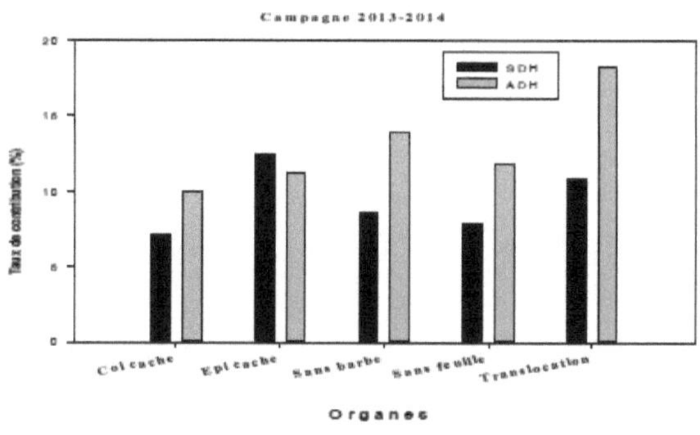

Figura 15- Contribuição relativa dos órgãos excisados e sombreados no enchimento de grãos durante a safra 2013-2014.

1.2.3. Campanha 2014- 2015

Durante a experiência deste ano, a contribuição dos diferentes órgãos envolvidos no enchimento do grão variou muito entre os genótipos e em função dos regimes hídricos aplicados. De um modo geral, o enchimento do grão depende igualmente das reservas provenientes das cinco fontes estudadas (Fig. 16). Os resultados obtidos (Apêndice Tab.7) mostram que as taxas de contribuição mais elevadas provêm da remobilização das reservas, da atividade fotossintética da espiga e do colo da espiga. A remobilização das reservas teve taxas de contribuição médias de 10,48% (regadio) e 17% (sequeiro). Dentro desta implicação, os valores máximos foram da ordem de 33,19% (OUED ZENATI) e 45,54% (Stot//Altar84/ALD) registados respetivamente nos tratamentos de regadio e de sequeiro. A contribuição média da remobilização de reservas aumentou cerca de 39% em condições de sequeiro em relação às condições de regadio. A contribuição da atividade fotossintética da espiga foi de 12,49% (regadio) e 14,81% (sequeiro). Os valores máximos para esta contribuição foram de 41,41% (CBC 514 CHILE/3/GUIL//GREEN) e 42,86% (Rascon_22/Rascon_21//Mojo_2/3/Guanay/4/Rcol/5/ Sora/2*plata_12/Somat_3) registados em condições de regadio e sequeiro, respetivamente.A atividade fotossintética do colo da espiga também tem uma contribuição relativa apreciável para o enchimento do grão, com taxas médias da ordem de 10,63% (regadio) e 13% (sequeiro). Em condições de regadio, a contribuição mais elevada deste órgão foi observada no genótipo ACSAD1367 com 37%, enquanto que em condições de sequeiro este ótimo foi atingido pelo genótipo Stot//Altar84/ALD com 48%. A contribuição da última folha e da barba é maior em condições de seca durante a experiência deste ano. A participação média da última folha no lote irrigado foi de 10,41%, sendo o genótipo ACSAD1339 o que apresentou o maior valor com 37%. Em condições de sequeiro, a contribuição média deste órgão foi de 14%, com um valor máximo de 43,39% registado no genótipo Ajaia-.16//Hora/3/Gan/4/zar/5/Sooty-9.... Os resultados obtidos em estudos anteriores sobre o envolvimento da barba no enchimento do grão continuam controversos. Os dados obtidos no presente trabalho indicam que a barba tem uma participação média no enchimento de grãos da ordem de 8,80% e 12,42% em condições de regadio e sequeiro, respetivamente.Os valores máximos deste envolvimento observados nos lotes de regadio e sequeiro, equivalentes a 33,4% e 41,55%, foram registados pelo Waha e pelo genótipo Llareta Inia/Guanay//Rascon-37/2*Tarro-2, respetivamente.

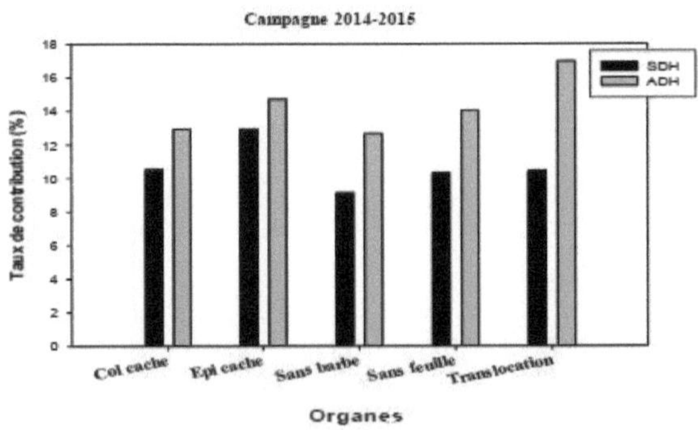

Figura 16- Contribuição relativa dos órgãos excisados e sombreados no enchimento de grãos na safra 2014-2015.

DISCUSSÕES

O enchimento e maturação dos grãos é a última fase vegetativa, e corresponde ao desenvolvimento da componente final do rendimento, que é o peso do grão, na sequência da migração das substâncias produzidas e armazenadas pelos vários componentes da planta (Abbassenne et al., 1998; Gate, 2003). O enchimento do grão e a sua qualidade dependem da expressão de um conjunto de parâmetros ligados ao desenrolar deste processo. O enchimento do grão depende de duas fontes de assimilados, a fotossíntese corrente e a remobilização das reservas armazenadas nos tecidos de reserva dos órgãos do caule. A fotossíntese atual, responsável pela disponibilidade dos fotoassimilados indispensáveis ao enchimento do grão, depende da longevidade e da localização dos órgãos envolvidos. Vários estudos (Arous et al., 2020) indicam que, no trigo duro, a última folha, a barba da espiga, a casca da espiga e o colo da espiga desempenham um papel importante no enchimento do grão e na determinação do seu peso e qualidade finais. A disponibilidade dos assimilados provenientes da remobilização das reservas depende da morfologia da planta. No entanto, os resultados obtidos no presente estudo indicam que a contribuição das diferentes fontes para o enchimento do grão depende muito da qualidade da água de abastecimento da planta e da natureza da variabilidade genética testada (genótipos). Os efeitos do fornecimento de água são justificados por alterações no tamanho e na longevidade dos vários caracteres morfológicos envolvidos neste processo. Este estudo mostra que o défice hídrico reduz as magnitudes de todos estes parâmetros e reduz a longevidade de certos órgãos sensíveis a este fator ambiental. Esta constatação foi observada entre os dois tratamentos hídricos e entre os anos de experimentação, caracterizados por uma variabilidade quantitativa e espacial das precipitações registadas. A remobilização das reservas armazenadas, nomeadamente nas diferentes partes do caule, desempenha um papel importante no enchimento do grão (Bahlouli et al., 2008; Belkharchouche et al., 2009). Esta contribuição é maior em condições de seca, onde a atividade fotossintética é inibida por condições hídricas deficientes. Morfologicamente, os genótipos com palha alta estão bem adaptados a esta fonte de enchimento do grão. Estes resultados são corroborados pelos trabalhos de Blum (1988), Monneveux (1992), Rebetzke et al (2002), Annichiarico et al (2005) e Ehdaie et al (2006), que demonstraram que os genótipos de trigo duro com elevado teor de palha e, consequentemente, com fenologia tardia, produzem grãos com maior peso, principalmente em condições de abastecimento de água insuficiente. Isto deve-se principalmente a um aumento dos seguintes parâmetros: locais de acumulação de reservas e posicionamento de certos órgãos, como o colo da espiga, adjacentes ao grão em desenvolvimento. De acordo com Bahlouli et al (2008) e Wardlaw (2002), o enchimento do grão, em particular em condições de seca, é essencialmente assegurado pela remobilização das reservas e não pela atividade fotossintética pós-antese, que é afetada pela escassez de recursos hídricos disponíveis. O aumento da altura da planta pode também desempenhar um papel indireto no peso do grão, uma vez que esta caraterística está associada à presença de um sistema radicular profundo, ajudando a evitar o stress da seca. Em caso de défice hídrico, a fotossíntese da espiga contribui relativamente mais para o enchimento do grão do que a da folha bandeira (Johnson e Moss, 1976; Gate et al., 1993; Bammoun, 1997). Esta contribuição provém da atividade fotossintética do invólucro do grão e do próprio grão durante a sua formação. Assim, um aumento do comprimento da espiga contribui para um aumento da sua capacidade fotossintética (Kahali, 1995; Khan et al., 2010; Maydup et al., 2010; Maydup et al., 2014). O envolvimento da última folha no desenvolvimento da qualidade do grão do trigo duro foi comprovado por numerosos estudos (Monneveux et al., 2006; Evans et al., 1996). Através da sua atividade fotossintética durante o enchimento do grão, a folha assegura a disponibilidade de fotoassimilados que, após transformação, se acumulam neste órgão. Os resultados do presente estudo mostram que a última folha contribui de forma significativa (Figs. 14, 15 e 16). Isto é particularmente verdadeiro no caso dos lotes cultivados em condições de défice hídrico. Embora o défice hídrico acelere a senescência foliar, esta contribuição é indireta, com a atividade da folha a suportar a constituição de reservas durante a sua atividade e através da translocação de reservas de carbono e azoto resultantes da redução da sua longevidade (Amigue et al., 2006). Os trabalhos de Tambussi et al (2005) e Calderini et al (2000) mostram que a contribuição da última folha é muito superior à das folhas dos outros estádios da planta.

2. Ensaios em condições controladas

2.1. Prova 1: Contribuição dos órgãos para o enchimento do grão

2.1.1. Caracterização morfológica dos genótipos utilizados

Foram medidos os principais parâmetros morfológicos dos genótipos utilizados para avaliar o processo de desenvolvimento da qualidade dos grãos (Tab. 9). Os resultados mostram que a altura da planta, o comprimento do último nó, o comprimento do colo da espiga, o comprimento da espiga, a área foliar e o comprimento da barba são significativamente diferentes entre os genótipos estudados ($p<0,001$). No que diz respeito à altura da planta, os genótipos testados podem ser divididos em dois grupos. O primeiro grupo inclui os genótipos Langlois e Oued Zenati, que são considerados como tendo uma altura de palha elevada, com valores de 148,07cm e 147,51cm, respetivamente. No segundo grupo encontram-se os genótipos de palha curta, com valores de 94,68 cm (Waha), 87,84 cm (Mexicali75) e 85,65 cm (ACSAD1361). Quanto ao comprimento do último nó, os genótipos Langlois e Oued Zenati apresentam os valores mais elevados, com 44,28 cm e 43,80 cm, respetivamente. O comprimento do colo da espiga seguiu uma tendência diferente, com os genótipos Waha e Mexicali75 a apresentarem os pescoços mais longos, com dados na ordem dos 22,67cm e 22,43cm. Os genótipos utilizados na nossa experiência produziram áreas foliares de diferentes valores. As áreas registadas variam entre 46,57cm² (Langlois) e 34,94cm² (ACSAD1361). Os outros genótipos registaram áreas de superfície intermédias com 39,71cm² (Oued Zenati), 38,39cm² (Waha) e 37,62cm² (Mexicali75). O comprimento da barba da espiga também variou entre os genótipos estudados. A barba mais longa foi registada em Langlois com 16,26cm. Os genótipos ACSAD1361 e Waha apresentaram as barbas mais curtas, com 10,86cm e 10,58cm, respetivamente. Os outros genótipos, Oued zenati e Mexicali75, apresentaram comprimentos intermédios (Tab.9).

Tabela 9 - Resultados médios para as caraterísticas morfológicas dos genótipos testados.

Genótipos	HP	LDE	LCE	SF	SF	LB
ACSAD 1361	85,65a	40,59a	21,65a	8,82b	34,94c	10,86a
Langlois	148,07c	44,28a	18,20b	9,98c	46,57d	16,26c
Mexicali75	87,84	40,25	22,43	8,35	37,62	12,66
Oued Zenati	147,51	43,80	22,32	8,33	39,71	13,27
Waha	94,68	40,33	22,67	8,47	38,39	10,58

HP: Altura da planta, **LDEN**: Comprimento do entrenó, **LCE**: Comprimento do colo da orelha, **LE**: Comprimento da espiga, **LB**: Comprimento da barba, **SDF**: Área da última folha. As médias seguidas de uma letra diferente são significativamente diferentes de acordo com o teste de Duncan a $p<0,05$.

2.1.2. Efeito do fornecimento de água e das fontes de reserva no peso final e no enchimento do grão

Os resultados mostram que o peso final do grão depende da natureza do genótipo, do fornecimento de água e da fonte de reservas acumuladas (Tab.10). Nas plantas de controlo (inteiras) e em condições hídricas óptimas (100% CC), a variação entre genótipos foi de cerca de 11 mg, o que representa quase um quarto do peso médio dos grãos de todos os genótipos (Tab. 11). Nas mesmas plantas cultivadas a 60% CC, o peso do grão diminuiu significativamente, com valores que variaram de 9% (Langlois) a 18% (Oued Zenati). Esta redução foi mais acentuada a 30%FC, onde o valor mais elevado foi registado por Oued Zenati com 39% em comparação com as condições hídricas (100%FC). Sob as mesmas condições hídricas, o valor mais baixo foi registado pelo ACSAD1361 com 21%. A excisão ou sombreamento dos órgãos vegetativos pelos diferentes tratamentos resultou numa redução significativa do peso final do grão (Tab.11). No entanto, esta redução dependeu dos genótipos testados e dos níveis de fornecimento de água. Entre todos os tratamentos, o sombreamento de toda a planta e o sombreamento da espiga provocaram as maiores reduções do peso dos grãos para os três tratamentos hídricos (Tab. 11). Isto indica que a fotossíntese da espiga e a remobilização das reservas são as principais fontes de enchimento dos grãos. As respectivas contribuições médias a 100%CC foram de 38% e 52,36% respetivamente, sendo mais acentuadas a 60%CC e 30%CC, atingindo valores de 41,8%, 54% e 46,1%, 53,7% respetivamente. A contribuição destas duas vias para o enchimento do grão também diferiu entre genótipos, nomeadamente em condições de 30% CC. Sob este regime hídrico (30% CC), a contribuição da atividade fotossintética (Fig. 17) na espiga varia entre 34,7% (Mexicali75) e 60,2% (Waha) e a contribuição da remobilização de reservas varia entre 42,7% (Langlois) e 64,1% (Mexicali75).A contribuição do colar da espiga varia consideravelmente em função dos genótipos e das condições hídricas adoptadas. A sua contribuição aumenta progressivamente em condições hídricas desfavoráveis. Foram registados valores de 9,2%, 14,5% e 19,8% nos tratamentos com 100% CC, 60% CC e 30% CC, respetivamente. No lote com 30% CC, o valor mais elevado desta contribuição foi registado pelo Waha com 28,3%. Uma tendência oposta foi registada para a contribuição da barba para o enchimento do grão, onde esta aumentou com a melhoria das condições de fornecimento de água. Os valores registados para esta contribuição são da ordem dos 13,6%, 12,9% e 10,9% respetivamente para os tratamentos 100% CC, 60% CC e 30% CC.Por último, as diferentes fases da folha apresentam taxas de contribuição que variam entre 14 e 27%. Entre todas as folhas, a folha bandeira ou a última folha tem uma participação entre 80 e 90%. As taxas da sua participação no enchimento do grão variam, segundo os diferentes tratamentos hídricos (Fig.17), entre 14,7% (100% CC) e 27,1% (30% CC).

Quadro 10 - Efeito dos genótipos, do fornecimento de água e dos tratamentos no peso final do grão e na contribuição relativa dos vários órgãos para o enchimento do grão.

	Genótipos	Situação da água	Tratamentos	Genótipos x Situação da água	Genótipos x Tratamentos
Peso final do grão	972,3***	2764,9***	2386,6***	32,2***	25,5***
Contribuição relativa	196,16***	4,03**	3209,02***	26,26***	46,87***

*** Significativo a 0,001 de probabilidade; **Significativo a 0,01; ns não significativo.

Tabela 11- Peso médio dos grãos (mg) obtido nos diferentes tratamentos e sob os três regimes hídricos (100%FC, 60%FC, 30%FC) para os cinco genótipos testados.

Genótipos	SH	CC	CE	SER	PC	DFE	EFE	PT
	30%FC	27,15	17,86	34,14	17,73	29,50	28,61	36,05
ACSAD1361	60%FC	31,59	19,78	35,98	19,30	31,14	31,01	39,29
	100%FC	37,06	29,31	36,63	25,29	35,22	34,65	45,48
	30%FC	25,80	14,31	29,80	17,54	29,99	27,21	36,01
Waha	60%FC	30,08	26,20	34,01	20.69	33,56	30,38	40,86
	100%FC	42,70	32,06	41,15	24,12	37,94	34,26	47,46
	30%FC	24,83	16,61	27,14	12,87	26,28	25,63	32,11
Oued Zenati	60%FC	41,28	23,94	35,18	15,20	32,68	33,61	43,27
	100%FC	51,12	30,39	39,40	15,35	36,57	36,22	52,73

	30%FC	36,77	26,26	36,75	23,92	39,66	36,72	41,75
Langlois	60%FC	45,48	34,36	46,32	29,18	41,75	40,62	51,11
	100%FC	52,72	38,02	54,10	31,42	45,03	42,93	56,43
	30%FC	29,55	21,85	29,35	11,98	27,46	26,99	33,43
Mexicali75	60%FC	38,05	23,08	37,84	16,08	34,77	33,00	42,84
	100%FC	44,12	25,23	44,95	22,37	37,84	36,72	47,82

(CC: Colarinho oculto; EC: Orelha oculta; BE: Cascas excisadas; SP: Planta oculta; DFE: Última folha excisada; EFE: Fase de folha excisada; PT: Planta de controlo).

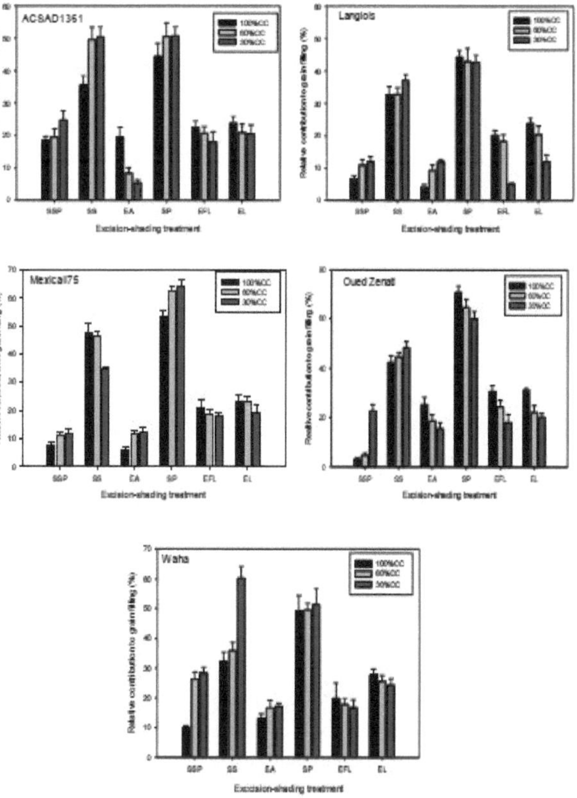

Figura 17- Contribuição relativa dos diferentes órgãos para o enchimento do grão em cinco genótipos de trigo duro sob os três níveis hídricos adoptados (30%CC, 60%CC, 100%CC).

DISCUSSÕES

O processo de enchimento determina o peso e a qualidade dos grãos de trigo duro. No entanto, está frequentemente sujeito a condicionalismos ambientais, nomeadamente à seca. O défice hídrico que ocorre durante as fases pós-antese tem efeitos negativos sobre este processo. Por exemplo, o peso dos grãos pode ser consideravelmente reduzido se as plantas forem expostas a um curto período de défice hídrico (Nezhad et al., 2012; Farooq et al., 2014). Esta caraterística (peso de mil grãos) foi registada como a componente de rendimento mais sensível a variações no fornecimento de água na fase pós-antese, no trigo duro (Ivanova e Tsenov, 2011). Os resultados destes estudos confirmam os obtidos neste trabalho, que mostram que o aumento do défice hídrico foi acompanhado por uma redução significativa do peso de mil grãos na maturidade fisiológica. No entanto, este efeito está ligado à natureza dos genótipos cultivados. A aplicação do défice hídrico moderado (60% CC) provocou uma redução do peso dos grãos de 9%. O aumento do défice hídrico (30% CC) reduziu ainda mais o peso dos grãos, com taxas que oscilaram entre 39% (OuedZenati) e 21% (ACSAD1361). O efeito do défice hídrico sobre o peso final do grão explica-se principalmente por uma redução do seu tamanho e por uma perturbação da migração das reservas. Assim, a seca e as temperaturas elevadas reduzem fortemente o tamanho do grão de trigo duro. Este efeito é explicado por uma inibição da divisão celular e da organização do tecido de acumulação de reservas (Schnyder e Baum, 1992; Calderini et al., 2000). Após a diferenciação do parênquima de reserva da semente, o efeito do défice hídrico no seu enchimento depende da disponibilidade de assimilados e da sua migração para o grão. Este processo depende, portanto, da atividade e da longevidade dos órgãos envolvidos na produção e no armazenamento dos fotoassimilados. A remobilização das reservas do caule é a última via para o enchimento do grão. A sua contribuição relativa varia entre 44,05% e 70,49%. As variações destes valores dependem do fornecimento de água e dos genótipos testados. Para o Oued Zenati, por exemplo, a contribuição relativa do caule para o enchimento do grão aumenta à medida que o seu abastecimento de água diminui (Fig. 17). Para os outros genótipos, os valores são elevados, qualquer que seja o regime hídrico aplicado. O papel da remobilização do caule no enchimento do grão tem sido referido em vários estudos (Cruz-Aguado et al., 2000; Tambussi et al., 2007), e Ehdaie et al. (2008) mostraram que a taxa desta contribuição varia entre 10% e 50%, dependendo do genótipo e do fornecimento de água. Outros estudos observaram que o caule contribui mais para o enchimento do grão em condições de seca (Monneveux et al., 2006; Lopes et al., 2006). O sombreamento das espigas levou a uma redução significativa do peso do grão (Fig. 17). O sombreamento da espiga levou a uma redução significativa do peso do grão (Fig. 17), o que é explicado pela sua contribuição relativamente importante para o enchimento do grão, que só foi superada pela contribuição da remobilização das reservas do caule. Esta contribuição é justificada pela sua atividade fotossintética durante a formação e o enchimento do grão e pela sua proximidade do grão em desenvolvimento. Esta contribuição é elevada nas três condições hídricas. No entanto, nos genótipos ACSAD1361, Langlois e Waha, a contribuição relativa da espiga aumentou com a diminuição da disponibilidade de água. No genótipo Waha, foi de 32,37%, 35,91% e 60,21% em 100%, 60% e 30% CC, respetivamente. O papel da espiga explica-se pela sua longevidade (duração da atividade fotossintética), nomeadamente em condições de seca. De facto,

Mohammady et al (2009) demonstraram que as cascas dos grãos são menos sensíveis aos efeitos da seca, graças à sua maior capacidade de ajustamento osmótico do que os outros órgãos. Araus et al (1993) mostraram que, no triticale, as diferentes partes da espiga asseguram a disponibilidade de uma grande parte do fotossintato, essencial para o enchimento do grão. A espiga é um dos componentes da espiga cuja contribuição relativa foi estudada separadamente. O seu envolvimento no enchimento do grão permanece relativamente baixo e é altamente dependente dos genótipos e do fornecimento de água (Abbad et al., 2004; Merah e Monneveux, 2015; Merah et al., 2018).

Os nossos resultados mostraram que a contribuição da última folha diminuiu à medida que os níveis de abastecimento de água diminuíram (Fig. 17). De facto, a menor contribuição da última folha para o enchimento do grão foi observada no lote cultivado a 30%FC. Esta tendência poderia ser explicada pelo efeito do défice hídrico, que reduz a longevidade deste órgão (Martinez et al., 2003; Merah et al., 2018).

A atividade fotossintética do caule assegura igualmente a disponibilidade de assimilados essenciais para o enchimento do grão. Entre as várias partes do caule, o pedúnculo (colo da espiga) é de particular interesse porque a sua contribuição é acentuada em condições de seca. Lingan et al (2010) sugerem que o colo da espiga é um órgão fotossinteticamente ativo que produz fotossintatos e contribui assim de forma decisiva para o crescimento do grão, nomeadamente durante as fases finais do enchimento do grão. Além disso, Takahashi et al (2001) e Esmaeilpour-Jahromi et al (2012) referiram que o carbono assimilado durante o crescimento vegetativo e as primeiras fases reprodutivas do trigo é temporariamente armazenado nos entrenós do caule e nas bainhas das folhas, podendo ser remobilizado e transportado posteriormente para o grão em desenvolvimento.

CONCLUSÃO GERAL

O trigo duro (Triticum durum Desf.) é um cereal largamente cultivado nas zonas semi-áridas da Argélia, onde está sujeito a ciclos de seca que variam em intensidade e tempo. A ocorrência de uma seca pós-antese é prejudicial ao enchimento do grão e, por conseguinte, reduz consideravelmente o desenvolvimento do rendimento. O enchimento do grão, que leva ao desenvolvimento do seu peso e da sua qualidade em função da sua composição bioquímica, depende da disponibilidade de assimilados e da sua transformação em compostos de reserva. O fornecimento de substâncias provém de duas fontes: a sua remobilização a partir das reservas armazenadas e a atividade fotossintética em curso dos órgãos vegetativos situados acima do último nó. Os resultados obtidos no presente estudo estão de acordo com outros e mostram que existe uma grande variabilidade intra-específica no trigo duro, gerando comportamentos distintos para o enchimento e o desenvolvimento da qualidade em situações de deficiência hídrica. Os ensaios efectuados durante três épocas consecutivas, em regime de sequeiro e de regadio, mostraram que o enchimento do grão é obtido conjuntamente pela remobilização das reservas armazenadas principalmente no caule e pela fotossíntese corrente nos órgãos vegetativos situados acima do último nó, nomeadamente o colo da espiga, a espiga, a barba e a última folha. Foi demonstrado que a participação de cada uma destas duas fontes no enchimento do grão depende do abastecimento de água e da natureza dos genótipos. Em condições óptimas de abastecimento, o enchimento do grão é essencialmente assegurado pela atividade fotossintética corrente da última folha e dos constituintes da espiga em desenvolvimento. Nestas condições hídricas, as reservas remobilizadas contribuem relativamente menos do que a primeira fonte. Em condições de sequeiro, foi demonstrada uma situação inversa, em que o enchimento do grão é assegurado principalmente pelos assimilados das reservas remobilizadas e pela sua translocação. A contribuição da fotossíntese atual diz respeito, nomeadamente, ao colo da espiga e aos constituintes da espiga em formação. Esta parte do trabalho mostrou que, para além do fator água, outros parâmetros climáticos, nomeadamente a temperatura, têm um efeito significativo na formação e na qualidade do grão. Este facto é demonstrado pelas variações interanuais significativas na contribuição das diferentes fontes para a disponibilidade de assimilados essenciais para o enchimento do grão. Isto indica que a morfogénese da planta e a diferenciação dos órgãos funcionais durante este processo são muito influenciadas pelas condições climáticas. O efeito do défice hídrico foi distinguido do efeito de outros parâmetros climáticos através da realização de experiências em condições controladas. A este nível, a condução dos genótipos em três regimes hídricos evolutivos (100%CC, 60%CC, 30%CC) permitiu distinguir a ação da seca sobre a contribuição relativa dos diferentes órgãos da planta para o enchimento do grão. Assim, o aumento da severidade do défice hídrico na planta foi acompanhado por uma contribuição clara da remobilização das reservas, da atividade fotossintética da espiga e do seu colar no enchimento do grão. A cinética de enchimento do grão é também um indicador importante e facilmente detetável da tolerância ao défice hídrico durante a formação do grão. A evolução da deposição de matéria seca ou a cinética de crescimento do grão durante a formação depende da longevidade do órgão fornecedor de assimilados. Note-se que a duração da atividade dos diferentes órgãos varia e é condicionada pelo abastecimento de água da planta. O presente trabalho permite igualmente constatar que a qualidade do grão é condicionada pelo fornecimento de água, pela natureza do genótipo e pela origem das fontes de influxo de assimilados ao nível do grão. Estes factores são fontes de grandes variações na qualidade do amido depositado na forma do grão. Os resultados obtidos no presente trabalho elucidam as contribuições relativas dos diferentes órgãos da planta para o enchimento do grão do trigo duro. Fornecem também informações sobre as variações destas implicações, impostas por factores climáticos. No entanto, são necessários mais estudos para avaliar os processos metabólicos envolvidos na transformação dos assimilados em substâncias de reserva no grão. É necessário estudar os efeitos do fornecimento de água à planta sobre a velocidade de síntese das proteínas e sobre a polimerização dos açúcares simples em amido, pois estes processos são complementares da síntese de substratos para as suas acções, armazenados ou provenientes da fotossíntese corrente dos diferentes órgãos da planta.

REFERÊNCIAS

Abbassenne F., Bouzerzour, H. e Hachemi, L., 1998 - Fenologia e produção do trigo duro (TriticumdurumDesf.) em zonas semi-áridas. Ann. Agron. INA. N°18, p.24 - 36.

Abbad H., El Jaafari, S., Bort, J., Araus, J.L., 2004- Comparação da fotossíntese da folha bandeira e da espiga com a biomassa e o rendimento de grãos do trigo duro em várias condições hídricas e genótipos. Agronomie 24, 19-28.

Adda A, Soualem S., Labdelli A., Sahnoune M., Merah O., 2013. Efeitos do défice hídrico na estrutura da zona pilífera das raízes seminais do trigo duro. Revue écologie-environnement ,9. ISSN: 1112-5888.

Ali Dib T., &Monneveux, Ph., 1992- Adaptation à la sécheresse et notion d'idéotype chez le blé dur. I. Caraterísticas morfológicas do enraizamento. Agronomie, 12 : 371-379.

Altenbach SB, DuPont FM, Kothari KM, Chan R, Johnson EL, Lieu D. 2003- Temperature, water and fertilizer influence the timing of key events during grain development in a US spring wheat. Journal of Cereal Science 37, 9-20.

Alvaro F., Royo C., Garcia del Moral L.F. & Villegas D., 2008 - Respostas do enchimento **do grão** e da translocação de matéria seca a modificações na fonte e no sumidouro em séries históricas de trigo duro. Crop Science, 48: 1523-1531.

Amigues J.P., Debaeke P., Itier B., Lemaire G., Seguin B., Tardieu F., Thomas A. 2006. Réduire la vulnérabilité de l'agriculture à un risque accru de manque d'eau (Seca e agricultura). Expertise scientifique collective, synthèse du rapport, INRA (França), 72 p.

Annerose D. J. M. 1990-Investigação sobre os mecanismos fisiológicos de adaptação à seca. Aplicação ao amendoim (Arachishypogea L.) cultivado no Senegal. Tese de doutoramento em Ciências Naturais, Universidade Paris VII, 282p.

AnnicchiaricoP., Bellah F., Chiari T. 2005-Definição de sub-regiões e estimativa dos benefícios de uma estratégia de adaptação específica pelos programas de melhoramento: um estudo de caso. Crop Sci, 45: 1741- 1749.

Antoine C., Lullien-Pellerin V., Abecassis J. &Rouau X. 2002 - Interesse nutricional da camada de aleurona das sementes de trigo. Sciences Des Aliments, 22: 545-556

Araus J. L., Brown H. R., Febrero A., Bort, J. &Serret, M. D., 1993 -Fotossíntese da espiga, discriminação isotópica do carbono e contribuição do CO2 respiratório para as diferenças de massa do grão no trigo duro. Plant Cell & Environment, 16 (4), 383-392.

Araus J. L., Slafer G. A., Reynolds M. P. &Royo C., 2002 -Plant breeding and drought in C3 cereals: what should we breed for? Annals of Botany, 89 (7), 925-940.

Arous A., Adda A., Belkhodja M., Bouzid A e OthmaneMerah O., 2020 - A contribuição das partes verdes das plantas para o enchimento de grãos de trigo duro sob défice hídrico Bulgarian Journal of Agricultural Science, 26 (N° 4), 809-815.

Auriau P., 1978- Sélection pour le rendement en fonction du climat chez le blé dur. Ann Argon d'El-Harrach. Vol8 N°2, 1- 14.

Ayed S., Carmous C., Slim A., Amara H., 2010-Variação **genética** das variedades tradicionais de trigo duro utilizando marcadores morfológicos e proteicos. Revista de biotecnologia de África, 49:8277-8282.

Bagga A.K., Ruwali K.N. e Asana R.D., 1970- Comparação das respostas de alguns trigos

indianos e semi-anões mexicanos ao cultivo irrigado. Indian J, Agri, Sci, 40: 421-427.
Bahlouli f., Bouzerzour H., Benmahammed A. AndHassous, K. L., 2008 -Seleção de cultivares de trigo duro (Triticum durumDesf.) de alto rendimento e eficientes em termos de risco em condições semi-áridas. Agro, 4: 360-365.
Bammoun A., 1997- Contribution à l'étude de quelques caractères morpho- physiologiques, biochimiques et moléculaires chez des variétés de blé dur (Triticumturgidumsspdurum.) pour l'étude de la tolérance à la sécheresse dans la région des hauts plateaux de l'Ouest Algérien. Tese de Mestrado, pp 1-33.
Barron C, Surget A, Rouau X. 2007- Quantidades relativas de tecidos no grão de trigo maduro (Triticumaestivum L.) e sua composição em hidratos de carbono e ácidos fenólicos. Jornal de Ciência dos Cereais 45, 88-96.
Barron C., Abecassis S., Chaurand M., Lullien P., Mabille F., Rouau X., Sadoudi A., Samson M., 2012. Acesso a moléculas de interesse por fracionamento a seco. Inovação Agronómica, 19 :51-62.
Battais F., Rechard C., Leduc V., 2007- D'allergènes du grain de blé .revu française d'allergologie et d'immunologie clinique ,47 :171-174.
Battinger R., 2002- Culturas arvenses. Conselho Europeu dos Jovens Agricultores. 15p.
Bayuelo-Jiménez J.S., Graig R. And Lynch J.P., 2002- Salinity tolerance of Phaseolusspecies during germination and early seedling growth. Crop Sci. **42**, 1584- 1594.
Belitz, H.D., e Grosh, W. 1987. Cereais e produtos derivados de cereais. "Food Chemistry" Springer- Vergals. Berlim. Alemanha.
Belkharchouche H., Fellah S., Bouzerzour H., Benmahammed A., Chellal N., 2009- Vigueur de Croissance, Translocation Et Rendement En Grains du ble dur (TriticumDurumDesf) Sous Conditions Semi Arides. Courrier Du Savoir ,09 :17-24.
Benlarbi, M., Monneveux, P., Grignac, P., 1991- Etude des caracteres d'enracinement et de leur role dans I'adaptation au deficit hydrique chez le ble dur (TriticumDurumDesf.).Agronomie, 10; 305 - 313.
Benmahammed A., Bouzerzour H., Mekhlouf, A., &Benbelkacem A. 2008-Variação no conteúdo relativo de água, integridade celular, biomassa e eficiência do uso da água de variedades de trigo duro (TriticumturgidumL. var durum) cultivadas sob stress hídrico. Recherche Agronomique, INRA, 21: 37-47.
Benmahammed A., M. Kribaa, H. Bouzerzour, A. Djekoun. 2008- Relações entre linhas derivadas de F2, F3 e F4 para biomassa acima do solo e índice de colheita de três cruzamentos de cevada (HordeumvulgareL.) num ambiente de tipo mediterrânico. Agricultural Journal, **3**: 313-318.
Biscope P.V., Gallagher J., Littleton E.J., Monteinth K.L. e Scott R.K., 1975- A cevada e o seu ambiente. Fontes de assimilados. J. Appel. Eco; 12: 395.
Blum A. 1988 -Plants breeding for stress environments. Boca Raton, 4, CRC, Press. Florida, USA. 223p.
Blum A., 1989 - Respostas das culturas à seca e interpretação da adaptação. regulação do crescimento das plantas 20, 135- 148
Blum A., 1996- Respostas das culturas à seca e interpretação da adaptação. Regulação do Crescimento das Plantas, 20:135-148.
Blum A., Pnuel Y., 1996- Atributos fisiológicos associados à resistência do trigo à seca

Blum A., Shpiler L., Golan G., Mayer J., Sinmena B., 1991-Seleção de massa de trigo para enchimento de grãos sem fotossíntese transitória. Euphytica54 : 111-116

Blum, A. 1998- Melhorar o rendimento do grão de trigo sob stress através da mobilização das reservas do caule.

Euphytica, 100: 77-83.

Bogard M., 2011-Análise genética e ecofisiológica do desvio da relação teor de proteína - rendimento de grãos em trigo comum (TriticumaestivumL.). 37p.

Bootsma A., Boisvert J.B., Dejong R. &Baier W., 1996- Drought and Canadian agriculture. Sécheresse: 277 - 285 p.

Bort J., A Febrer O., Amaro T., Araus J.,1994- O papel da espiga na eficiência do uso da água e no peso do grão da cevada. Agronomia, EDP Ciências,14 :133-139.

Boufenar Z.F, Zaghoune O., 2006- Guide des principales variétés de céréales à pailles en Algerie (blé dur, blé tendre, orge et avoine) Ed. ITGC, 154P.

BoutignyL.,2007-Estudo do efeito de compostos do grão de trigo duro sobre a regulação da via de biossíntese das trichothécènes B : purificação de compostos inibidores, análise dos mecanismos envolvidos. 58 p.

Boyer J.S.,1982-Produtividade das plantas e ambiente. Sci, Nova série. **218**: 443 - 448 p.

Branlard G., Pujos E., Nadaud I., Bancel E., Piquet A., 2012. Novas ferramentas para a análise fina da composição do grão. Inovações Agronómicas, **19**: 37-49.

Buleon, A., Colonna, P., Planchot, V., Ball, S., 1998 - Grânulos de amido: estrutura e biossíntese. Revista Internacional de Macromoléculas Biológicas 23, 85-112.

Calderini DF, Abeledo LG, Slafer GA, 2000- Maturidade fisiológica do trigo com base na água e matéria seca do grão. Revista Agronomia 92, 895-901.

Carceller J.L, Aussenac T., 1999- Acumulação e alterações na distribuição do tamanho molecular das proteínas poliméricas em grãos de trigo hexaplóide em desenvolvimento: papel da fase de dessecação. Australian Journal of Plant Physiology26, 301-310.

Chenafi H., A. Aïdaoui, H. Bouzerzour, A. Saci, 2006- Resposta do rendimento do trigo duro (Triticum durum Desf.) cultivar Waha à irrigação deficitária em condições de crescimento semi-áridas. Asian J Plant Sci. **5**: 854-860.

Chinnusamy V., Zhu J. e Zhu J. K., 2006 -Gene regulation during cold acclimation in plants. PhysiologiaPlantarum 126 (1): 52-61.

CIC, 2013- Grain market, disponível em http://www.igc.int/, International Grains Council, acedido em 02/01/2014.

Clarck J. M.,Romagosa I.,Jana S.,Strivastava J.P. andMccaid T.N.,1989- Relação entre a taxa de perda de água da folha excisada e o rendimento do trigo duro em diversos ambientes.Can, J. Plant.Sci ;69.P 1057-1081.

Clarke J.M., Townley - Smith, T.F., 1986 - Hereditariedade e relação com o rendimento da retenção de água da folha excisada no trigo duro. Crop. Sci. N° 26, p. 289 - 292.

Clarke, J.M., Norvell, W.A., Clarke, F.R. e Buckley, T.W., 2002- Concentração de cádmio e outros elementos no grão de linhas durum quase isogénicas. Can. J. Plant Sci./Canadian Journal of Plant Science, 82:27-33.

Clerget Y., 2011-Biodiversidade dos cereais, origem e evolução, 16 páginas.

Colonna P, Buléon, A- 1992. Novos conhecimentos sobre a estrutura e as propriedades do amido. In: Cereal Chemistry and Technology: a Long Past and a Bright Future. Actas do 9° Congresso Internacional de Cereais e Pão, 25-42.

Condon A.G., Richards R.A., Rebetzke G.J., Farquhar G.D.. 2002 - Improving intrinsic water-use efficiency and crop yield. Crop Sci. 42: 122-131.

Condon, A. G., Richards, R. A., Rebetzke, G. J., Farquhar, G. D.,2004- Breeding for high water-use efficiency. Journal of Experimental Botany, Vol. 55, No. 407, Water-Saving. Edição especial sobre agricultura, PP. 2447- 2460.

Cooper P. J. M., Keating J. D. H., and Hughes G., 1983-Crop evapotranspiration-techniquefor calculation of its components by field measurements.Field Crops Res, 7: 299-312.

Cruz-Aguado J. A., Rodés, R., Pérez, I. P. & Dorado, M., 2000 - Caraterísticas morfológicas e componentes do rendimento associados à acumulação e perda de massa seca nos entrenós do trigo. Field CropsResearch, 66 (2), 129-139.

Debaeke P., Cabelguenne M., Casals ML. & Puech J., 1996-Élaboration du rendement du blé d'hiver en conditions de déficit hydrique. II. Desenvolvimento e teste de um modelo de simulação para a cultura do trigo de inverno em condições variadas de fornecimento de água e azoto. Epicphase-blé. Agronomie.**16**: 25 - 46 p.

Debiton, C., Bancel, E., Chambon, C., Rhazi, L., Branlard, G., 2010- Efeito dos três alelos nulos de cera nas enzimas associadas aos grânulos de amido de trigo utilizando uma abordagem proteómica. Aceite para publicação no Journal of Cereal Science Ref: Ms. No. JCS10- 169R1.

Debiton C; 2011- Identificação de critérios de grãos de trigo (Triticumaestivum L.) favoráveis à produção de bioetanol através do estudo de um conjunto de cultivares e da análise proteómica de linhas isogénicas cerosas.

Dupont F.M., Altenbach SB., 2003 - Impactos **moleculares e** bioquímicos de factores ambientais no desenvolvimento do grão de trigo e na síntese de proteínas. Journal of Cereal Science38, 133-146.

Ehdaie, B., Alloush, G.A., Madore, M.A., Waines, J.G., 2006- Variação genotípica para reservas e mobilização do caule no trigo. Crop Sci. 46, 2093-2103.

Ehdaie B., Alloush G. A. &Waines J. G., 2008- Variação genotípica na taxa linear de crescimento do grão e contribuição das reservas do caule para o rendimento do grão no trigo. Field Crops Research, 106 (1), 34-43.

Egli D.B., 1998- Seed biology and the yield of grain crops. CAB International, Wallingford, Oxfordshire, Reino Unido

El- Hakimi, 1995 - Seleção fisiológica e utilização de espécies tetraplóides do género Triticum para o melhoramento genético da tolerância à seca no trigo.
Tese de. Doutoramento. Montpellier 220 páginas.

Esmaeilpour-Jahromi M., Ahmadi, A., Lunn, J. E., Abbasi, A., Poustini, K. &Joudi, M., 2012 -Variação no peso do grão entre as cultivares de trigo iranianas: a importância das reservas de hidratos de carbono do caule na determinação do peso final do grão em condições de limitação da fonte. Australian Journal of Crop Science, 6 (11), 1508-1515.

Evans G. W., Allen, K., Tafalla, R., & O'Meara, T.,1996- Multiple stressors. Journal of

Environmental Psychology, 16, 147-174.
Evers T., Millar, S., 2002- Estrutura e desenvolvimento dos grãos de cereais: algumas implicações para a qualidade. Jornal de Ciência dos Cereais 36, 261-284.
Farooq M., Hussain M. &Siddique K. H. M., 2014 -Drought stress in wheatduringflowering and grain-fillingperiods. CriticalReviews in Plant Sciences, 33 (4), 331-349
Feillet P., 2000- Le grain de blé composition et utilisation.1ère édition. INRA. Paris, 303p.

Feillet P., 2000- Le grain du blé : composition et utilisation. Compreender melhor. INRA. ISSN: 1144-7605. ISBN : 2- 73806 0896-8.94-100.
Feillet, P., & Dexter, J. E. 1996- Quality requirements of durum wheat for semolina milling and pasta production, Monograph on Pasta and Noodle Technology, Saint Paul, MN; USA: AACC - American Association of Cereal Chemists, 95-131.
Fellah A., Benmahammed A., Djekoun A.et Bouzerzour H., 2002- Sélection pour améliorer la tolérance au stress abiotique chez le blé dur (TriticumdurumDesf.) .Actes de l'IAV Hassan II ,(Maroc) 22 , 161-170.

Ferero A., Rober J., Brown RH., Araus JL., 1990- O papel da espiga de trigo duro como órgão fotossintético durante o enchimento do grão. In: Tendências avançadas em fotossíntese, Malorca, Espanha (não publicado).
Fischer R.A. e Maurer R., 1978 - Resistência à seca em cultivar de trigo de resistência de primavera. I. Respostas de rendimento de grãos. Aust, J, Agri, Res, 29: 105-912.
Fokar M., Nguyen H.T., e Blum A., 1998- Heat tolerance in spring wheat II. Enchimento de grãos Eupytica104 , 9 -15.

Foulkes M. J., Sylvester-Bradley R., Weightman R. &Snape, J. W., 2007 -dentifying physiological traits associated with improved drought resistance in winter wheat. Field CropsResearch, 103 (1), 11-24.
Gate P., Bouthier A., Casablanca H. e Deleens E., 1992 - Caraterísticas fisiológicas que descrevem a tolerância à seca do trigo cultivado em França. Interpretação das correlações entre o rendimento e a composição isotópica do carbono do grão. In: Tolérance à la sécheresse des céréales en zone méditerranéenne. Diversidade genética e melhoramento varietal. Montpellier (França) INRA. (Les colloques n°64).
Gate P., 1995- Ecophysiologie du blé, Edit. Lavoisier, Paris, Techniques et Documentations, 429.
Gate P., Bouthier A., Casabianca H., & Deleens E., 1993-Caractères physiologiques décrivant la tolérance à la sécheresse des blés cultivés en France : interprétation des corrélations between le rendement et la composition isotopique du carbone des grains. Colloque Diversité génétique et amélioration variétale Montpellier (France). Os colóquios. **64**.Inra. Paris.
Gharti-Chhetri, G.B. andLales, J.S., 1990-Biochemical and physiological responses of nine spring wheat (Triticumaestivum) cultivars to drought stress at reproductive stage in the tropic. Belg. J. Bot. 123, (1 / 2) : 27-35.
Godon B., et Wiliam C., 1991- Les industries des premières transformations des céréales. Ed Tec et Doc. Lavoisier.
Gooding M.J, Ellis R.H, Shewry P.R, Schofield J.D., **2003-** Effects of restricted water

availability and increased temperature on the grain filling, drying and quality of winter wheat. Journal of Cereal Science 37, 295-309.

Hadjichristodoulou A., 1985- A estabilidade do número de perfilhos de variedades de cevada e a sua relação com a consistência do desempenho em condições semi-áridas. Euphytica 34:641-649.

Hébrard J.P. 1996- Blé dur : objectif qualité, Nutrition : des pates épatantes. Documento publicado por ocasião do colóquio: perspectives blé dur, Toulouse, Labége, 26 de novembro de 1996, organizado por : ITCF-ONIC-INRA-ITCF, p.6 - 7.

Hemery Y., Rouau X., Lullien-Pellerin-Valérie, Barron C e Abecassis J., 2007- Processos secos para desenvolver fracções e produtos de trigo com melhor qualidade nutricional. Journal of Cereal Science, vol. 46, pp 327-347

Hernandez J.A.Z., Santiveri F., Michelena A. e Pena R.J., 2004- Trigo duro (TriticumturgidumL.) portador da translocação cromossómica 1BL/1RS: desempenho agronómico e caraterísticas qualitativas nas condições mediterrânicas. Jornal Europeu de Agronomia 30.

Hoseney R. C., 1994 - Principles of cereal science and technology. 2ª Edição, Associação Americana de Químicos de Cereais, 378 p.

Ishida .H, Yoshimoto.K, Izumi.M, Reisen D., Yano.Y., Makino.A., Ohsumi.Y., Hanson M.

R. e Mae T,2008- Mobilização da Rubisco e Estroma Localizado.

Ivanova N. &Tsenov N., 2011 -Winter Wheat productivity under favorable and drought environments' an overall effect. Jornal Búlgaro de Ciências Agrícolas, 17 (6), 777-782.

Jacquemin L., 2012-Production d'hémicelluloses de pailles et de sons de blé à une échelle pilote Etude des performances techniques et évaluation environnementale d'un agro-procédé. Tese de doutoramento em Ciências dos Recursos Agrícolas. Instituto Nacional Politécnico de Toulouse (INP Toulouse). 345 páginas.

Kamoshita, A., Chandra Babu, R., ManikandaBoopathi, N., Fukai, S., 2008- Análise fenotípica e genotípica de caraterísticas de resistência à seca para o desenvolvimento de cultivares de arroz adaptadas a ambientes de sequeiro, Field Crops Research, 109: 1- 23.

Kehali L., 1997- Estudo dos parâmetros de elaboração do rendimento do trigo duro (TriticumdurumDesf.) cultivado em condições de défice hídrico. Tese de Mestrado. Universidade de Constantine.

Kellou R., 2008- Análise do mercado argelino do trigo duro e das oportunidades de exportação dos cereais franceses no âmbito do pólo de competitividade Qualiméditeranée. O caso das cooperativas de Sud Céréales. Dissertação. Mestrado. Centre international des hautes études agronomiques méditeraniéennes, Montpellier,159p.

Kent N, Evers A. 1994-Technology of Cereals. Technology of Cereals. 4thEdn, Pergamon Press, Oxford, UK. 109-119.

Khaliq, I., Irshad, A., Ahsan, M., 2008-Contribuição da folha bandeira para o rendimento do grão no trigo de primavera (Triticumaestivum L.). CerealRes. Comm. 36, 65-76.

Khaldoune A., Kelkouli M., Kahlerras S., Amroune R. 1997. Techniques d'irrigation de complément des céréales en Algérie, brochura publicada pelo ITGC: 20p.

Langridge P.; Paltridge N. e Fincher G., 2006-Functional genomics of abiotic stress tolerance in cereals (Genómica **funcional** da tolerância ao stress abiótico em cereais). Briefings in Functional genomics and Proteomics.(4): 343-354.

Lawlor, D.W., Day, W., Johnston, A.E., Legg, B.J. e Parkinson, K.J. 1981- Crescimento da cevada de primavera em condições de seca: desenvolvimento da cultura, fotossíntese, acumulação de matéria seca e teor de nutrientes. Agric. Sci. Camb. 96; 167 - 186.

Li Y.H., Wang Q.J. & Ma A., 2003 -The osmotic adjustement and photosynthesis of wheat cultivar Hanfeng9703 with high yield, drought resistance under drought stress‖, ActaAgronomica, 30: 759-764.

Lonbani M., e Arzani, A., 2011 - Caraterísticas morfo-fisiológicas associadas à tolerância ao stress hídrico terminal em triticale e trigo. Agron. Res. 9, 315-329.

Lopes, M.S., Cortadellas, N., Kichey, T., Dubois, F., Habash, D.Z., Araus, J.L., 2006- Metabolismo do azoto no trigo durante o enchimento do grão: papel comparativo das glumas e da folha bandeira. Planta 225, 165-181.

Madhava Rao K.V., Raghavendra A.S. &Janardhan Reddy K., 2006 - Impresso nos Países Baixos. Physiology and Molecular Biology of Stress Tolerance in Plants (Fisiologia e Biologia Molecular da Tolerância ao Stress em Plantas). Springer: 1-14 p.

Marouf A. e Reynaud J., 2007-La botanique de A à Z. 1662 definitions. Ed Dunod : P.286.

Maydup M. L., Antonietta, M., Guiamet, J. J., Graciano, C., López, J. R. &Tambussi, E. A. 2010 - A contribuição da fotossíntese da espiga para o enchimento de grãos em trigo-pão (Triticumaestivum L.). Field Crops Research, 119 (1), 48-58.

Maydup M. L., Antonietta, M., Graciano, C., Guiamet, J. J. e Tambussi, E. A. 2014- A contribuição das espigas de trigo-pão (Triticumaestivum L.) para o enchimento de grãos: Respostas ao déficit hídrico e os efeitos dos toldos na temperatura da espiga e na condutância hidráulica. Field Crops Research, 167: 102-111.

Mefti M., Abdelguerfi A. e Chebouti A., 2000-Etude de la tolérance à la sécheresse chez quelques populations de Medicagotruncatula(L.) Gaertn. Options Mediterraneennes HEAM, 173-176.

Mekhlouf A., Bouzerzour H., Benmahammed A., Hadj Sahraoui A., Harkati N. 2006- Adaptação de variedades de trigo duro (TriticumdurumDesf.) a um clima semi-árido. Sécheresse. 17(4): 507-13.

Merah, O. &Monneveux, P., 2015- Contribuição dos diferentes órgãos para o enchimento do grão do trigo duro em condições mediterrânicas. I-Contribuição da fotossíntese pós-antese e da remobilização. Journal of Agronomy and Crop Science, 201 (5), 344-352.

Merah, O., Evon, P. &Monneveux, P., 2018 -Participação de órgãos verdes no enchimento de grãos em Triticumturgidum var. durum cultivado em condições mediterrâneas. Revista Internacional de Ciências Moleculares, 19 (56), 1-14.

Mogensen, V.O., 1991-Taxa de crescimento dos grãos de cevada em relação à seca. Ata. Agric.

Scand. 41: 345 - 353.

Mogensen, V.O., and Jensen, H.E., 1989- The concept of stress days in modelling crop yield response to water stress. Procedimentos do CE.C Worksop: Gestão dos recursos hídricos em

culturas de rendimento e em sistemas de produção alternativos. Bruxelas 1988, 13 - 22.
Monneveux P., Nemmar M., 1986- Contribuição para o estudo da resistência à seca no trigo mole. Estudo da acumulação de prolina durante o ciclo de desenvolvimento. Agronomie 06 :583-590.
Monneveux P., 1991- Quelles stratégies pour l'amélioration génétique de la tolérance au déficit hydriques des céréales d'hiver. I n : l'amélioration des plantes pour l'adaptation aux milieux arides. AUPELF-UREF. Ed. John Libbey. Eurotest .pp: 165- 186.
Monneveux P., Saint-Pierre C. A.. et Comeau A., 1992-Tolerância ao vírus do **nanismo amarelo da cevada** em situações de seca, por Dv na Ásia Ocidental e no Norte de África. Ata de um seminário
Rabat, Marrocos, de 1 a 21 de novembro de 1989. P:209-22

Monneveux, P., This, D. 1997- La génétique aux problèmes de la tolérance des plantes cultivées à la sécheresse : espoirs et difficultés. Sécheresse. 1(8) : 29-37.
Monneveux P., Rekika, D., Acevedo, E. e Merah, O., 2006 - Efeito da seca nas trocas gasosas foliares, discriminação isotópica do carbono, eficiência da transpiração e produtividade em genótipos de trigo duro cultivados no campo. Plant Science, 170(4): 867-872.
Morgan, M. e Condon, A.G., 1986- Utilização da água, rendimento do grão e osmorregulação no trigo.

Aust. Plant Physiol. 13, 523 - 532.

Morrison WR,Gadan H., 1987- The amylose and lipid contents of starch granules in developing wheat endosperm. Journal of Cereal Science 5, 263-275.
Mosiniak M., Prat P., e Roland J.C., 2006-Biologia e multimédia.Université Pierre et Marie Curie.
Naville M., 2005- La biodiversité des espèces cultivées : Analyse dans le cas du blé, Paris: Université Paris XI, Paris, 20p.
Nemmar M., 1980-Contribution à l'étude de la résistance à la sécheresse chez le blé tendre (TriticumastivumL .) : Étude de l'accumulation de la proline sous l'effet du stress hydrique .Thèse D.A.A. ENSA. Montpellier. 65p.
Nezhad K. Z., Weber, W. E., Röder, M., Sharma, S. S., Lohwasser, U., Meye, R. C., Saal,

B. &Börner, A., 2012 - Análise de QTL para peso de mil grãos sob stress de seca terminal em trigo-pão (Triticumaestivum L.). Euphytica, 186 (1), 127-138.
Olsen OA., 2001-Desenvolvimento do endosperma: celularização e especificação do destino celular. Anual

Review of Plant Physiology and Plant Molecular Biology52, 233-267.

Panozzo J.F., Eagles H.A., Cawood R.J., Wootton M.,1999- Temperaturas da espiga de trigo em relação a condições ambientais variáveis. Australian Journal of Agricultural Research 50, 997-1005.
Passioura J., 2004- Aumentar a produtividade das culturas quando a água é escassa: Do melhoramento ao maneio no campo In: Actas do 4º Congresso Internacional de Ciência das Culturas. Nova direção para um planeta diverso. Brisbane, Austrália. PP: 12, www.regional.orgau/au/cs.

Pereyra M., Del M., Torroba C., 2003-Respostas **moleculares** e fisiológicas ao défice hídrico no trigo (Triticum aestivum L.). Agronomia - UNLPamVol.14; 2p.
Rebetzke G. J., Condon R.A., Richards R.A., & Farquhar G.D., 2002-Seleção para discriminação isotópica de carbono reduzido aumenta a biomassa aérea e o rendimento de grãos de trigo panificável alimentado pela chuva, Crop Sci., 42: 739 -745.
Richards, R.A., 1983- Manipulação da área e seus efeitos no rendimento de grãos em trigo de seca.

Aust.]. Agric. Res. 34: 23 - 31.

Richards, R.A., Rebetzke, G.J., Van Herwaarden, V.F., Dugganb, B.L. e Condon, A.G. 1997-Melhorar o rendimento em ambientes de sequeiro através do melhoramento fisiológico das plantas. Dryland Agriculture N° 36, p. 254 - 266

Saeedipour S., &Moradi, F. 2011 -Efeito da seca na fase pós-antese na remobilização de reservas de carbono e algumas mudanças fisiológicas na folha bandeira de duas cultivares de trigo que diferem em resistência à seca. Journal of Agricultural Science, 3, 81-92.
Sarda, X., Vansuyt, G., Tousch, D. ,Cassedelbart, F. , et Lamaze, T., 1992- Les signaux racinaire de la régulation stomatique. In " tolerence a la secheresse des cereales en zones mediteranneenes '. Ed. INRA. Paris. 1993. 75 - 79.
Saulinier Luc, 2012- Les grains de céréales diversité et composition nutritionnelles. Cahiers de nutrition et diététique ,47 : 4-15.
Schnyder H. & Baum, U., 1992 - Crescimento do grão de trigo (Triticumaestivum L.): a relação entre o teor de água e a acumulação de matéria seca. Jornal Europeu de Agronomia, 1 (2), 51-57
Sestili F., Janni M., Doherty A., Botticella A., D'ovidio R., Masci S., Jones H.D., Lafiandra D., 2010-Aumento do teor de amilose do trigo duro através do silenciamento dos genes SBlla. Biologia Vegetal 10 :144.
Shewry P.R, Tatham A.S, Forde J, Kreis M., Miflin B.J., 1986- The classification and nomenclature of wheat gluten proteins: Uma reavaliação. Journal of Cereal Science 4, 97-106.
Shewry P.R., Underwood C., Wan Y., Lovegrove A., Bhandari D, Toole G., Mills E.N.C, Denyer K., Mitchell R.A.C., 2009- Síntese e acumulação de produtos de armazenamento em grãos de trigo em desenvolvimento. Jornal de Ciência dos Cereais 50, 106-112.
Simane B., Peacock J.M. e Strick P.C., 1993 - Diferenças na plasticidade do desenvolvimento e na taxa de crescimento entre cultivares resistentes e susceptíveis à seca de trigo duro (Triticum turgidumL.Var. durum) . Planta e solo, 157, 155- 166.
Singh J. e Skerritt, J. H. 2001 - Controlo cromossómico de albuminóides e globulinas no grão de trigo avaliado através de diferentes procedimentos de fracionamento. J. Cereal Sci.33: 163181.
Singh B.K., Jenner C.F., 1982 - Associação entre concentrações de nutrientes orgânicos no grão, número de células do endosperma e peso seco do grão na espiga de trigo. Australian Journal of Plant Physiology 9, 83-95.
Slama A., Ben salem M., Ben Naceur M., Zid E., 2005- Les céréales en Tunisie : production, effet de la sécheresse et mécanismes de résistance. Article De Recherche, 16: 225-9.

Sofield I., Wardlaw I.F., Evans LT., Zee SY., 1977- Teor de azoto, fósforo e água durante o desenvolvimento e maturação do grão de trigo. Australian Journal of Plant Physiology4, 799-810.

Soltner, 1988 - As grandes produções vegetais. Les collections sciences et techniques agricoles, Ed. 16éme éditions 464P.

Sorrells M.E., Diab A., Nachit M., 2000- Comparative genetics of drought tolerance.

Mediterranean Options Series A (Mediterranean Seminars), 40: 19 1-201.

Sramkova Z., Gregova E., Ernest S., 2009-Composição **química** e qualidade nutricional do grão de trigo. ActaChimicaSlovaca,volume(2) n°1: 115-138.

Stamova B.S., Laudencia-Chingcuanco D, Beckles D.M., 2009 - Análise **transcriptómica** da biossíntese de amido no grão em desenvolvimento de trigo hexaplóide. Jornal Internacional de Genómica Vegetal 2009, 1-23.

Stevenson D. G., Jane, J. L., e Inglett, G. E. 2007- Estrutura e propriedades físico-químicas de amidos de fracções de peneiração de farinha de aveia em comparação com farinha integral e moída com pinos". Cereal Chemistry, 84(6), 533-539.

Stoddard F.L., 1999- Variation in grain mass, grain nitrogen, and starch B-granule content within wheat heads. CerealChemistry 76, 139-144.

Surget A,,Barron C., 2005- Histologie du grain de blé, Industrie des céréales 145, 4-7.

Taiz L. e Zeiger E., 2002- PlantPhysiology. 3rd ed. Sinauer Associates Publishers, Sunderland, 427 p.

Takahashi T., Chevalier P. M. & Rupp, R. A., 2001 - Armazenamento e remobilização de hidratos de carbono solúveis após a colheita em diferentes partes da planta de uma cultivar de trigo de inverno. Ciência da Produção Vegetal, 4 (3), 160-165.

Tambussi E A, Nogués S, Araus J L., 2005 - Espiga de trigo duro sob stress hídrico: Relações hídricas e metabolismo fotossintético. Planta, 221, 446-458.

Tambussi E.A., Bort J., Guiamet J.J., Nogués S., Araus J.L., 2007-O papel fotossintético da espiga nos cereais C3: metabolismo, eficiência do uso da água e contribuição para o rendimento do grão. Crit. Rev. Plant Sci. 26, 1-16.

Tardieu F., 2005- Tolerância das plantas ao défice hídrico: Limites físicos e possibilidades de progresso. Geo SCi, 337: 57 -67.

Tardieu F., 2003- Virtual plants: modeling as a tool for the genomic of tolerance to water deficit, Trends in Plant Sciences, 8: 9 -14.

Triboï E., 1990-Modèle d'élaboration du poids du grain chez le blé tendre.Agronomie. **10** : 191- 200p.

Tsimilli-Michael M. M., Pecheux R.J.et Strasser, 1998- Vitalidade e adaptação ao stress dos simbiontes dos recifes de coral e dos foraminíferos temperados sondados em ambiente hospitalar pela cinética de fluorescência O-J-I-P. Archs. Sci. Genève.51: 205 - 240 p.

Vensel, W.H., Tanaka, C.K., Cai, N., Wong, J.H., Buchanan, B.B., Hurkman, W.J., 2005- Alterações no desenvolvimento dos perfis proteicos metabólicos do endosperma do trigo. Proteomics 5, 1594-1611.

Verville J.L., 2003. Trigo, centeio e triticale. 18p.

Wardlaw I.F., 1967- O efeito do stress hídrico na translocação em relação à fotossíntese e ao crescimento. I. efeito durante o desenvolvimento do grão de trigo. Aust. J. Biol. Sci ; 20:25-39.

Wardlaw J.F., 2002- Interação entre a seca e a temperatura elevada crónica durante o enchimento do grão de trigo num ambiente controlado. Anais de botânica, 90: 469-476.

Wiegand, C. L., Cuellar, J.A. 1981- Duração do enchimento do grão e peso do grão de trigo afectados pela temperatura. Crop Sci. 21(1): 95-101.

Wilson J.D., Bechtel D.B., Todd T.C, Seib PA, 2006- Measurement of wheat starch granule size distribution using image analysis and laser diffraction technology. Cereal Chemistry 83, 259-268.

Witcombe J. R, Hollington P. A., Howarth C. J., Reader, S., e Steele, K. A., 2008 - Reprodução para stresses abióticos para uma agricultura sustentável. Phil. Trans. R. Soc. B 363 : 703-716.

Yang J. e Zhang, J. 2006- Enchimento de grãos de cereais sob secagem do solo. New Phytologist, 169(2): 223-236.

Yin X, Guo W, Spiertz JH. 2009- Uma abordagem quantitativa para caraterizar as relações entre o sumidouro e a fonte durante o enchimento do grão em genótipos de trigo contrastantes. Field CropsResearch114, 119-126.

Zaddem, M., 2014- Aplicação do método de superfície de resposta para a otimização do branqueamento com peróxido de hidrogénio do farelo de trigo e sua incorporação na farinha de pão. Tese. PhD. Université laval Canada. 110 p.

MIX
Papier aus verantwortungsvollen Quellen
Paper from responsible sources
FSC® C105338

Printed by Books on Demand GmbH, Norderstedt / Germany